"十二五"国家重点图书出版规划项目

城市滨水区再开发中的工业遗产保护与再利用

马　航　戴冬晖　范丽君　著

哈尔滨工业大学出版社

内 容 简 介

　　城市滨水区是城市中重要的历史地段,随着世界性产业结构的调整和现代交通的发展,许多城市滨水区面临着功能性的衰退,其中的工业遗产等被闲置或废弃,这不仅造成了土地和空间资源的浪费,而且未能充分利用良好的滨水环境,出现了与城市系统日趋分离的现象。本书引入空间整合思想,其在滨水工业区空间更新中的应用包括两层含义:一是作为空间更新的手段,加强原本相对分散的功能或空间要素间的联系。二是作为空间更新的目的,使滨水工业区重新融入城市系统,实现"整体大于部分之和"的整合效应。本书运用比较研究法和案例研究法,对西方已经开展的城市滨水区更新改造的类型、实施策略、运作体系、具体方式、技术手段等进行系统分类,有选择性地吸取其成功经验或失败教训,提出具有针对性的研究总结和价值判断,为中国滨水工业区更新实践提供参考例证。

　　本书适合从事城乡规划、建筑学、风景园林的高校教师与学生参考,并可作为相关专业高年级本科生和研究生的教材,也可供城市管理部门和从事相关专业的科研人员、工程技术人员使用。

图书在版编目(CIP)数据

　　城市滨水区再开发中的工业遗产保护与再利用/马航,戴冬晖,范丽君著. —哈尔滨:哈尔滨工业大学出版社,2017.9

　　ISBN 978-7-5603-6741-5

　　Ⅰ.①城… Ⅱ.①马… ②戴… ③范… Ⅲ.①城市—工业建筑—文化遗产—保护—研究—西方国家 ②城市—工业建筑—文化遗产—利用—研究—西方国家 Ⅳ.①TU27

　　中国版本图书馆 CIP 数据核字(2017)第 147377 号

策划编辑　张　荣
责任编辑　苗金英
出版发行　哈尔滨工业大学出版社
社　　址　哈尔滨市南岗区复华四道街 10 号　邮编 150006
传　　真　0451-86414749
网　　址　http://hitpress.hit.edu.cn
印　　刷　哈尔滨市工大节能印刷厂
开　　本　787mm×1092mm　1/16　印张 12　字数 232 千字
版　　次　2017 年 9 月第 1 版　2017 年 9 月第 1 次印刷
书　　号　ISBN 978-7-5603-6741-5
定　　价　38.00 元

前　言

　　城市工业遗产具有较高的历史价值、科学价值和艺术价值，其留存的历史信息，反映了城市的经济社会发展过程，见证了城市在工业时代的辉煌，丰富了城市景观，延续了城市文化。城市滨水区工业遗产的经济价值更不容小视，更新改造后其将成为具有独特魅力的城市吸引点。

　　前工业社会时期，滨水一直是城市择址考虑的重要因素。工业革命后，滨水区因过度开发造成环境污染等问题，使其逐渐失去了对城市的重要性。目前，随着世界产业结构的调整和航运技术的改进，港口工业与仓储业也逐渐衰落，城市滨水工业区遗留的大量产业建筑，不仅造成了空间资源的浪费，也制约了城市的有序发展。因此，城市滨水工业区空间面临着新的挑战。

　　20世纪下半叶以来，西方发达国家开始了对城市滨水工业区的改造活动，这种实践是基于对滨水区再开发进行的探索。其中以美国巴尔的摩内港为代表。这种更新运动随后蔓延至整个欧洲地区，伦敦泰晤士河的港口区再生计划、巴黎塞纳河左岸更新计划、新加坡河区域更新计划等均取得了很大的成功，对提升区域活力具有重要意义。国内外滨水工业区的衰退程度不同，更新目的也不同。20世纪90年代末期，中国开始了滨水区更新的实践活动，如上海的苏州河沿岸、广州的珠江沿岸和天津的海河沿岸等地区，都通过功能置换的方式将原有的工业区改造成了创意产业园、步行商业街等，既保留了城市的工业记忆，又促进了区域的发展。现今，国内越来越多的滨水城市面临着对滨水工业区进行功能调整和物质更新的考验，许多城市已经意识到其对于延续城市历史文脉和构建城市有机形态方面的重要性，这方面的探索也日益引起广泛的关注。

　　本书首先针对国内滨水工业区更新改造面临的问题，引入整合思想，提出滨水工业区与城市的整合包括与城市功能的整合、与城市形态的整合两方面；对滨水工业区更新、滨水工业遗产、后工业景观等概念进行了界定。滨水工业区改造的相关理论包括整合思想、城市触媒理论、场所理论、系统理论等。研究方法主要以理论分析与实证考察为主。

其次，在分析国内外功能整合实例的基础上，分别从涉及滨水工业区功能定位的区域、社区和自身层面提出3种城市功能整合方式，即沿岸用地的整体开发、与社区功能连锁互补和多样功能的复合开发；提出了滨水工业区与城市形态整合的对策，包括交通系统的缝合、滨水空间的联系、界面的分解、建筑综合体的融合和场所的转换5个方面。

再次，分别从改造为文化类项目，改造为居住、商业与混合功能，改造为开放空间与公园等角度，针对相关案例，提出相应的改造背景、改造主体、改造方案和改造结果评价等内容。

最后，以杭州桥西滨水工业遗产为例，进行滨水工业遗产使用后评价研究，构建评价体系和各级评价指标，根据评价分析总结出桥西滨水工业遗产改造再利用的成功经验以及存在的问题。

2011 年 11 月初，本书第一作者在德国进行了"德国废弃工业区生态更新改造的对策与实践研究"的调研，此次调研项目获得了德意志学术交流中心的项目资助，同时，也获得了国家自然科学基金（51208138）的资助。除了上述依托项目外，本书第一作者导师的研究生课程与多年的研究经历是本书的主要撰写基础和资料来源。本书还入选了黑龙江省2014 年度精品图书出版工程项目。

本书第一作者指导的硕士研究生范丽君、宋兆娥、崔一松、朱德敏参与了本书部分内容研究工作；阿龙多琪、石婧、朱昊、熊星宇、宋词为本书的创作收集了大量的案例资料并进行了详细的整理；高澍进行了文稿的校对工作；戴冬晖老师为本书的框架结构提出了宝贵的意见与建议，并负责第 6 章的案例分析部分的研究。在此一并表示感谢。

限于作者的学识水平，书中疏漏及不足之处在所难免，恳请大家批评指正。

作　者

2017 年 5 月

目　　录

第1章 基础性研究

1.1 研究背景与意义

1.1.1 滨水工业区的衰退与更新

前工业社会时期，滨水一直是城市择址考虑的重要因素。工业革命后，滨水区因过度开发造成环境污染等问题，使其逐渐失去了对于城市的重要性。目前，随着世界产业结构的调整和航运技术的改进，港口工业与仓储业也逐渐衰落，城市滨水工业区遗留的大量产业建筑，不仅造成了空间资源的浪费，也制约了城市的有序发展。因此，城市滨水工业区的空间面临着新的挑战。

城市发展本身就是一个新陈代谢的过程，需要不断调整和更新。基于各大城市都面临着的日益紧张的土地和空间资源等问题，城市空间拓展方式逐渐由以水平方向为主的、粗放的平面式向以调整和再开发为主的、集约的立体式转变。这种节地措施既是对可持续发展政策的有效落实，又是城市理性发展的必然选择。城市更新以空前的规模和速度发展，已成为中国城市建设的关键问题。

滨水工业区更新属于城市更新领域。对于滨水城市而言，滨水工业区往往分布于城市的内城及附近的边缘区，滨水工业区的衰退使这些曾经最具经济活力的城市区域成为阻碍滨水地段高效利用和滨水两岸用地联动发展的城市顽疾。滨水工业区的更新不仅仅是物质性的更新，更重要的是进行功能置换和结构调整。研究滨水工业区更新具有重要的现实意义。

1.1.2 城市文化的趋同与工业遗产的保护

随着全球化进程的日益加速，城市之间的各种信息和物质流动不断加快，生产、市场、信息和文化使全球范围内的城市之间的联系日益密切，经济、技术和文化的变革对全球城市的发展变化也起到了至关重要的作用。文化全球化的结果在使世界文化趋同的同时，也促使每个城市都重视保持各自的地域特色。

在过去的一段时间内，人们在处理历史遗产更新的活动中，只是对年代久远的历史古迹、历史街区等加以保护，而对具有一定使用价值和历史价值的旧工业区却重视不够，导致大多数城市旧工业区均被用一种简单粗暴的方式对待——彻底清除重建，未能从资源再利用和延续工业文脉的角度考虑，使凝结在其中的历史信息和工业文化消失殆尽。因此，对工业遗产的保护应使其成为展示城市发展轨迹和体现城市特色的重要组成部分。

1.1.3　滨水工业区更新概况

20 世纪下半叶以来，西方发达国家开始了对城市滨水工业区的改造活动，这种实践是基于对滨水工业区再开发所进行的探索。其中以美国巴尔的摩内港为典型代表。该市在滨水工业区更新过程中保留了大量的工业滨水旧建筑，延续了历史环境和地方特色，将其建设成为集商业、办公和娱乐等功能于一体的城市生活中心，并使它再次成为城市的形象标志。这种更新运动随后迅速蔓延至整个欧洲地区，并在伦敦泰晤士河的港口区再生计划、巴黎塞纳河左岸更新计划、新加坡河区域更新计划等更新运动中都取得了很大的成功，对提升区域活力具有重要意义。

国内外滨水工业区的衰退程度不同，更新目的也不同。中国城市滨水工业区的开发与更新起步较晚，更新的目的是通过环境整治来改善城市形象。由于中国的滨水工业区正处于地价上升时期，因此这些地区没有经历明显的衰退。中国在这方面的研究还处于尝试和探索阶段，更多地注重水体本身的整治、滨水绿地和开放空间的建设、土地功能的转变与升值。20 世纪 90 年代末，中国各地也开始了滨水工业区更新的实践活动，如上海苏州河沿岸、广州珠江沿岸和天津海河沿岸等地区都通过功能置换的方式将原有的工业区改造成了创意产业园、步行商业街等，既保留了城市的工业记忆，又促进了区域的发展。目前，国内越来越多的滨水城市面临着对滨水工业区进行功能调整和物质更新的考验，许多城市已经意识到其对于延续城市历史文脉和构建城市有机形态方面的重要性，这方面的探索也日益引起广泛的关注。

1.1.4　滨水工业区更新存在的问题

1. 盲目模仿国外模式，与城市功能缺乏联系

国内外的滨水工业区更新的目的有所区别，对不切合中国国情的更新模式的盲目模仿会导致中国滨水工业区在更新中出现与城市功能结构断裂的问题。如广州珠江沿岸的太古仓，有关部门规划将其改造成文化旅游艺术创意区，但由于产业转型的策划脱离了本地区

域的主导功能，改造后的成效并不显著。

2. 片段式零星开发，滨水环境不连续

中国的滨水城市多为内河型城市，与国外的海港型城市不同。滨水两岸地区密切联系有利于城市的整体发展，而目前的更新模式多是就某个码头、某个产业建筑的单一改造，难以发挥联动效应，如广州珠江沿岸的信义会馆（原水利水电机械施工公司）改造。这种散点状、片段式的开发并没有真正发挥滨水景观资源的优势，反而造成了滨水环境的不连续。

3. 滨水道路阻隔，滨水岸线不可达

城市滨水工业区往往由于工业时代的生产运输要求而被滨水的城市干道与城市的其他区域隔离开来，严重影响了滨水工业区的可达性，而在更新活动中往往很难解决这个问题。位于城市中心区或边缘附近的区位优势，并未使其构建与城市之间的紧密联系。周边区域内道路曲折，与滨水岸线连接的道路并未打通，因此也影响了其可达性。

4. 空间封闭，与周边用地缺乏联系

许多已进行改造的滨水工业区缺乏从城市整体出发的安排和控制，各个地块只考虑自身的建筑形式和功能组合，忽略了与用地范围以外的城市开发情况的结合。不仅建筑物之间缺乏有机联系，建筑群体和滨水堤岸、桥梁也缺乏联系，整个区域与城市其他公共空间缺乏合理的衔接和过渡。

基于以上分析，中国滨水工业区空间更新的问题可以总结为：与城市整体系统的分离。这种"分离"主要体现在与城市功能的分离和与城市形态的分离两个方面。形态是功能结构的空间反映，在更新改造的前期，若未能重视滨水工业区与城市系统的融合关系，对功能的模糊定位最终反映到物质空间上也会导致与城市形态的分离。因此，二者具有直接的联系。

1.2　概念辨析

1.2.1　城市滨水工业区

本书的研究对象是历史地段与滨水区的交集部分——城市滨水工业区。《城市规划基本术语标准》（1998）中对历史地段的定义为：城市中文物古迹比较集中连片，或能完整地体现一定历史时期的传统风貌和民族地方特色的街区或地段。城市的历史地段就是城市的记忆，是集中反映城市自然景观演变、历史文化发展、社会人文精神和历史文化精华的地区。它是城市的心理归宿要素，包括风貌特色商业街区、地方特色民族村寨、传统风貌文化街区和景观特色历史滨水工业街区等。

城市滨水区是指城市中陆地与水域相连的一定区域的总称，其特点是陆地与水域共同构成环境的主导要素。城市滨水区根据功能可分为滨水工业区、滨水居住区、滨水商业区和滨水综合区4种类型。在本书中，城市滨水工业区指城市中陆地与水域相接的一定范围内，用于产业生产的工矿企业所占据的城市建设用地。广义的滨水工业区，一般可分为滨水区、工业区和滨水工业区3种类型。滨水区的主要功能为运输，包括仓库、货柜、堆场、船坞、装卸设施及其他一些辅助构筑物；工业区的主要功能为工业生产，包括一些厂房、仓库、服务建筑、工业设施及其他基础设施；滨水工业区不仅有交通运输的枢纽——码头，还有一些与之相关或相邻的加工、制造和纺织等工业街区，在这里码头与工厂往往混杂在一起。

有些滨水工业区的功能较单一，以上述功能的其中一项为主，如美国的芝加哥海军码头、中国的上海江南造船厂等；有些滨水工业区的功能则非常复合，包括以上大部分或全部功能，如德国的杜伊斯堡内港、英格兰利物浦阿尔伯特港等。滨水工业区的规模由几十公顷到几百公顷不等，至于伦敦道克兰港区则是一个规模达2 000多公顷的巨大港口群，这也是伦敦作为世界航运中心的物质基础之一。

1.2.2　城市滨水工业区空间更新

1. 城市更新的内涵

城市更新的内涵，可从广义和狭义两方面来理解。广义上的城市更新是贯穿于城市的形成、发展和衰落的全过程之中的。城市是人们生活和工作的有机载体，构成城市系统的各部分要素总是不断地代谢、更新，这是城市发展的一般规律。

狭义上的城市更新，较早、较权威的界定源于1958年8月在荷兰海牙召开的城市更新第一次研究会议。会议认为："生活于都市的人，对于自己所住的建筑物，周围的环境或通勤、购物、游乐及其他的生活，有各种不同的希望与不满。对于自己所住的房屋的修理改造，街路、公园、绿地、不良住宅区的清除等环境的改善，要求及早施行。尤其是对土地利用的形态或地域区划的改善，大规模都市计划事业的实施，以形成舒适的生活、美丽的市容等，都有很大前景。包括有关这些的都市改善，就是都市更新。"美国《不列颠百科全书》对城市更新的定义为："对错综复杂的城市问题进行纠正的全面计划。包括改建不合卫生要求、有缺陷或破损的住房，改进不良的交通条件、环境卫生和其他的服务设施，整顿杂乱的土地使用方式，以及车流的拥挤堵塞等。最早工作重点通常集中于改建住房与公共卫生设施，最后则日益强调拆除贫民区，将居民及工厂拥挤的城区安置在空地较多的地点，例如在英国推行的花园城及新镇运动。每个国家都根据本国的政治制度与行政体系，按各自的办法进行城区更新工作。"本书中的"更新"即指这种狭义的更新。

城市更新历来都是城市规划的主要任务之一。城市更新的方式可分为重建或再开发、整建、保留维护 3 种。由此可见，城市更新不能简单地视为物质空间的推倒重建，而其更主要的目的是将阻碍城市发展的构成要素重新构建融入城市系统的一种秩序，强调与周围地区乃至整个城市的协调发展，以实现整体效益的最大化。因此，城市更新必须强调整体性和关联性，最大限度地整合城市各构成要素。

2. 滨水工业区空间释义

城市空间是一个复杂的巨型系统，是由城市相互作用的诸多要素所构成的有机体。城市空间的界定，规划界、建筑界和地理界有不同的看法：规划界认为城市空间是一种理性空间，本身包括建筑物和开放区域；建筑界认为城市空间指建筑外形和内部围合空间；地理界认为城市空间就是城市占有的地域。综上所述，城市空间可划分为宏观空间和微观空间。宏观空间指城市占有的地域；微观空间指城市建筑物围合的空间和建筑物占据的空间。

根据城市空间的定义，本书中的滨水工业区空间指其中的码头、工厂、仓库及其附属设施所围合的空间和其占据的空间。滨水工业区空间更新的对象即滨水工业区内能够反映其进行功能转换的、决定其空间形态的物质要素。根据本书中对滨水工业区空间的定义，滨水工业区空间要素应包括其中的一切物质要素，如码头、产业建筑及附属设施、道路、绿化和公共空间等。

3. 滨水工业区空间更新的内涵

城市更新作为城市规划的重要组成部分，不仅包括物质空间方面的更新，还涉及社会和经济等多方面的更新。更新措施涉及规划建设、社会、经济、文化等各个领域。需要解决物质形态更替、经济发展、社会进步和文化演进等多方面、多层次的问题，是一项复杂的综合性社会工程。而物质形态的更新是城市经济、社会、文化等目标的发展要求在城市空间中的投影。

滨水工业区空间的更新属于城市更新的范畴。通常情况下，人们常常将城市更新理解为物质性更新和物质磨损的补偿，如房屋的修缮、改建与重建，道路的拓宽等。实际上，城市更新有着更为丰富和深刻的内涵。城市更新的积极意义在于阻止城市衰退，促进城市发展。本书中研究的面临更新的滨水工业区空间并不是由于其出现了物质性老化，而是因为在航运技术提高和产业结构调整的情况下，有些滨水工业区在城市中的地位下降，甚至被废弃闲置，这类滨水工业区的衰退更多地反映为功能性和结构性的衰退。这样的衰退正是滨水工业区的功能、结构和布局没有随着经济技术和产业结构的变化而做出调整导致的。城市功能结构的空间分布特征及组合规律形成空间结构，而空间结构的外在表现就是空间形态。更新应从功能性衰退着手，解决由此形成的与城市功能结构和空间形态相分离的问题。

本书研究的空间更新是从空间规划角度，对滨水工业区物质形态的空间要素进行的更新。这种空间更新主要体现在功能和形态两个方面。功能更新是对功能结构的优化调整，使其适应城市新的经济增长和社会发展；形态更新是对共同反映空间形态的空间要素进行的优化设计，使其适应新的功能结构并融入城市形态。

1.2.3 工业遗产旅游

由于发展时间较短，国内外学术界对于工业遗产旅游到目前为止还没有统一的概念。国内有代表性的观点认为：工业遗产旅游起源于英国，是在从工业化到逆工业化的历史进程中出现的一种从工业考古、工业遗产的保护中发展起来的新的旅游形式。具体而言，就是在废弃的工业旧址上，通过保护和再利用原有的工业机器、生产设备、厂房建筑等，将其改造成一种能够吸引人们了解工业文化和文明，同时具有独特的观光、休闲和旅游功能的建筑群。

1.2.4 工业文化与后工业文化

工业文化作为专业名词，见证了工业时代的过去、现在以及未来的各种有形和无形的文化类型。工业文化首先是近代文化史上一个跨学科、跨专业的概念，它不仅包含了技术、社会、文化、艺术的发展史，而且包含了文化遗产和景观的保护。工业文化也是一个地理概念，分析它与工业景观之间的复杂关系也是理解这一概念的关键。工业文化可以通过工业景观感知。对于工业文化的理解，不能仅仅局限于它与局部工业景观的关系，而且要考虑到它与整个区域的工业景观之间的关系。

1.2.5 后工业景观

后工业景观来源于英文名词 Post-Industrial Landscape 的直译，它是后工业时代背景下的产物，其基本含义是对工业废弃地进行景观改造后生成的景观。任京燕认为："后工业景观设计是用景观设计的途径来进行工业废弃地的改造，在秉承工业景观的基础上，将衰败的工业废弃场地改造为具有多重含义的景观。"[1]贺旺认为："后工业景观是指在工业遗存的基础上，通过对工业元素的改造、重组与再生，使之具有全新功能和含义的景观。"[2]前者强调用景观设计的途径，后者强调具体的做法。

后工业景观是后工业社会的产物，是在后工业社会背景下对工业景观进行改造与更新产生的，以延续工业文脉为主的新景观。李宁认为："当今社会经过工业时代的洗礼，城市老工业区中留下了大量具有历史价值、技术价值、社会意义、建筑或科研价值的工业文化遗存，它反映了工业大生产时代在技术进步、生产经验和人们的劳动技能方面所达到的水平，将这些遗产合理地进行保护、改造与治理所形成的景观即后工业文化景观。"[3]姜丽认为："后工业文化景观不仅是以工业废弃地为基础的景观，新建的景观必须延续工业景观的文脉，以某种方式保留和延续场地的工业元素和工业特质，对工业元素加以重新阐释。"[4]两者都明确了对工业废弃地的改造态度，即工业文化景观的保留与延续。

以上对后工业景观的定义，有的侧重于景观设计手法，有的侧重于对工业文化的传承与延续。本书在前人研究定义的基础上将后工业景观定义为：在工业废弃地的基础上，通过景观改造的手法，以某种方式保留和延续场地的工业文脉，对工业元素加以重新阐释而形成的新景观。概念中强调通过景观改造的手法实现对工业文脉的延续。

1.3　理论基础与影响因素

1.3.1　理论基础

1. 整合思想

（1）释义。

整合的概念首先是在生物学中形成和使用的。在生物学中，整合是指有机体的各水平（从染色体到机体组织）中各组成部分在结构上组织严密、功能上协同动作，从而融合成完整、统一的系统[5]。现在的"整合"多指将零散的要素组合在一起，并最终形成有价值、有效率的一个整体的过程，是被普遍使用的一个概念。

（2）前期探索。

在城市规划领域，关于"整合"的概念众说纷纭，但是它们都是试图通过建立各要素之间的联系，重构空间秩序并优化空间要素的组合，从而使城市系统重新达到高效、有序的平衡状态。齐康认为："整合是对建筑环境的一种改造、更新和创新，即以创造人们优良生态环境、人居环境为出发点的一种调整、一种创新的设计和建造。宏观上是自然和人造环境的整合，又是人造环境本身的调整，它是一种建设活动。整合的目的是为了改善和提高环境质量，它是一种手段和方法，是策划、设计，是一种行动，从某种意义上讲又是从环境角度出发对人的生理、心理的调整。"[6]卢济威曾就城市设计整合机制做出了较为全面的分析，他认为："整合是对城市环境发展过程中的不平衡的调整，这种调整表现在：城市形态构成要素的发展导致了构成要素之间的分离；新环境和老环境的矛盾。"[7]刘捷认为："整合是指基于城市发展的需要，通过对各种城市要素内在关联性的挖掘，利用各种功能的相互作用的机制，积极地改变或调整城市构成要素之间的关系，以克服城市发展过程中形态构成要素分离的倾向，实现新的综合。"[8]这种对于构成要素间"关联性的挖掘"将成为解决前文提及的"分离"问题的切入点。

由此可见，整合作为空间组织的一种手段，就是将城市视为一个系统，通过对系统各要素的加工与重组，使之相互联系、相互渗透，形成合理的结构，实现整体优化，协调发展，发挥城市有机体的最大效能。整合思想实质是一种多元统一的整体观，是系统科学的一种方法论。一个系统的各个构成因子，往往因为组织调控的缺失而处于各自相对独立甚至混乱的状态之中。通过对各构成因子在系统中的时间、空间、作用等方面的调整和梳理，使系统建立一个最佳的新组织结构，并使各个构成因子之间的关系具备明晰的秩序，最终实现系统能量的最大合力。整合是一个动态的过程，是一个由不平衡到平衡，再由平衡到不平衡的持续不断的过程。

（3）概念界定。

本书中的"整合"是一种空间组织的手段，是积极改变或调整滨水工业区与城市系统要素之间的关系，以克服城市系统发展过程中构成要素"分离"的倾向，其目的是实现新的综合，寻求新的秩序，最终达到"整体大于其部分之和"的整合效应。因此，"整合"既是目的，又是手段，是目的与手段的统一。只有将整合作为空间组织的手段才能达到整合效应的目的。在本书中，整合思想包括两方面的含义：一是加强联系，将原本相对分散和独立的职能或空间组织成一个有机的整体；二是重建秩序，使地段内的空间形态有序，功能组织合理。

2. 城市触媒理论

触媒理论是由美国建筑师韦恩·奥图针对城市发展连锁反应潜力所提出的理论，旨在通过对触媒点的把握，提升城市土地效益，增加城市开发动力，打造城市特色。城市设计在城市形态的演化中发挥着重要作用，在对特定城市的历史、文化、经济、社会和政治等多种因素的综合考虑和分析的基础上，通过对城市整体结构及空间形态的全面把握，在特定项目中引入城市设计程序，将导致城市整体空间形态的连锁反应，从而带动和激发城市的发展和复兴。

城市触媒类似于化学中的"催化剂"，当引进的开发项目或某项政策的颁布能够对周围城市活动产生正效应时，该项目便可以称为城市触媒。城市触媒能够促使城市结构进行持续、渐进式的改革。城市触媒的作用可以通过以下几个方面达到。

（1）新元素改善了周围的元素。

（2）触媒可以提升现存元素的价值或做有效的转换。

（3）触媒反应并不会损坏其环境的内涵。

（4）触媒设计是策略性的。

（5）触媒本身是可以辨认识别的。

利用城市不同功能之间相互作用的内在机制，通过新元素的引入或旧元素的改善促进城市功能的自我调整，这就是城市触媒理论的着眼点。在滨水工业区的空间更新中，从城市空间系统的局部切入，将有可能促成整个城市空间系统的联动反应，使城市空间整体发生持续性的、渐进性的变化与更新。与此同时，城市滨水工业区自身的空间要素，如滨水步道、旧产业建筑、公共活动区等，也可成为促成这种更新的触媒。

3. 场所理论

场所理论的产生是对现代主义建筑，特别是不考虑周围环境和文化背景而盲目套用国际风格的所谓的"现代主义建筑"的理论批判。挪威著名城市建筑学家诺伯格·舒尔茨曾在 1979 年提出了"场所精神"的概念[9]。他提出场所是具有清晰特性的空间，是具有意义的空间，是由具体现象组成的生活世界。场所精神是空间这个"形式"背后的"内容"。他认为，城市形式并不仅是一种简单的构图游戏，形式背后蕴含着某种深刻的含义。每个场景都有一个故事，这个含义与城市的历史、文化、民族等一系列主题密切相关，这些主题赋予了城市空间以丰富的意义，使之成为市民喜爱的"场所"。场所理论的本质在于对物质空间人文特色的理解，空间只有当被赋予从文化或区域环境中提炼出来的文脉意义时才能成为"场所"。

简而言之，场所是由自然环境和人造环境相结合而构成的有意义的整体。这个整体反映了在某一特定地段中人们的生活方式及其自身的环境特征。场所不仅具有实体空间的形式，而且具有精神上的意义。这种精神意义只有通过城市设计与空间、文化与历史语境之间的紧密联系才能得以体现。因此，从某种程度上讲，场所精神是一种地域特色。对于部分具有历史价值的滨水工业区，可以通过传承工业时代精神的方式，使其更新后的空间具有城市独特的空间和特质，空间的实体内容与城市的历史、文化、民族等一系列主题密切相关，这样便可以得到市民的广泛认同，就能够成为延续城市形态的重要组成部分。

4. 系统论

系统论是本文主要的理论基础。早在 19 世纪，黑格尔就第一次把"系统范畴"提到了普遍方法论的高度，并用系统的方法构建了其哲学体系。现代系统论的创始人 L·V·贝塔朗菲对生物学传统研究方法——孤立的、因果分离的机械刻板模式大为不满，提出了"机体论"概念。他强调，要把生物机体视为系统，从整体上进行研究。他认为："所谓系统，就是指由一定要素组成的具有一定层次和结构，并与环境发生关系的整体。"[10]系统论自 20 世纪 60 年代以后得到了广泛的推广和应用。系统论认为，整体性、关联性、等级结构性、动态平衡性和时序性是所有系统共同的基本特征。这既是系统所具有的基本思想观点，也是系统方法的基本原则，表现了系统论不仅是反映客观规律的科学理论，也具有科学方法论的含义。

系统论的核心思想是系统的整体观念。系统不仅仅是各个组成部分的简单叠加，而是其整体功能具有各要素在孤立状态下所没有的性质。因此，系统的整体性主要表现为系统的整体功能，即"整体大于其部分之和"。系统论研究的主要任务就是以系统为研究对象，从整体出发研究系统整体及其各组成要素之间的相互关系。

系统论的这种整体性原则也正是整合思想需要坚持的原则。城市是一个极其复杂的巨型系统，衰退的滨水工业区就是城市系统中分离出去的一个构成要素，它与城市的功能结构和空间形态失去了联系。目前，滨水工业区的更新实践中很少有从其与城市整体的关系上进行研究的情况，大部分都是对滨水环境进行整体改善以及对闲置的码头及仓库或旧产业建筑进行再利用。因此，怎样再次与城市系统之间建立起功能结构和空间形态上的有机联系才是滨水工业区空间更新中的关键问题。也只有从这一关键点出发进行更新才会达到整合的目的，即整体大于其部分之和。

1.3.2 影响因素

城市工业遗产改造的影响因素包括 3 个维度：类型维度、时间维度和空间维度。类型维度即载体形式，包括遗产类型与资源要素两方面：遗产类型包括独立工矿、大型厂区、产业地段、车间与仓库、配套用房、码头等；资源要素包括工业场地、工业建筑、工业构筑物、工业设备、工艺图纸、历史档案等。时间维度即创建年代，结合不同时代背景挖掘文化内涵。空间维度即区位分布，工业区的区位特征源自于工业企业建设选址的原则。

（1）选择有利的地理区位条件。工业区选址应尽可能接近原料、燃料产地和产品消费地区。

（2）具有便利的交通条件。工厂宜设置在水路、铁路、公路运输方便的区域，并具有建设港口码头、货运站场等设施条件。

（3）满足环境保护的要求。例如，化工、冶金、石油、采矿等严重污染环境的企业应位于城市边缘；机械、防治等污染环境的企业应设置在城区内部的独立工业区位或独立地段。

工业区区位主要分布在城市中心、滨水地区、一般地段、城市外围、偏远地区。工业遗产要结合工业区区位地段功能融入城市空间。并要结合时代背景挖掘其文化内涵。城市工业遗产改造的影响因素如图 1.1 所示。

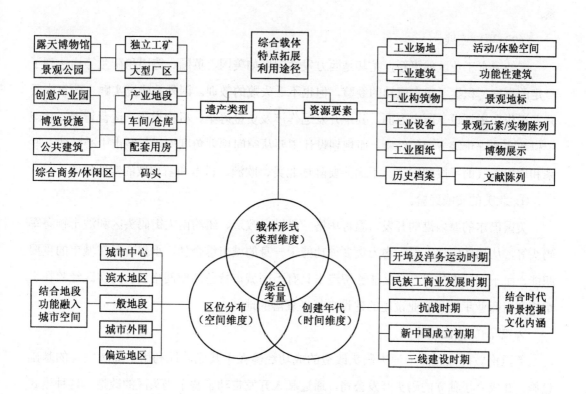

图 1.1　城市工业遗产改造的影响因素

1.4 国内外相关研究

1.4.1 滨水工业区更新

1. 国外相关研究

（1）理论研究。

滨水工业区属于城市滨水区的范畴，西方国家对城市滨水区再开发就是源于对城市滨水工业区改造的实践。国外城市滨水工业区的更新，作为旧城复兴的代表，自 20 世纪六七十年代即开始实施，经过几十年的研究和实践，已经发展到一个相当成熟的阶段，同时也受到学术界的极大关注。关注的重点从绿化、环境、建筑、历史等设计领域的内容，逐步转向政府决策、政策扶持、城市生态、可持续发展乃至全球城市网络和区域经济大循环等重要因素，逐渐形成了日趋成熟的城市滨水区的更新理论，也有一套相对完善的制度体系。

（2）更新实践。

国外滨水工业区的更新，尤其是西方发达国家如美国、英国、德国和荷兰等均达到了一定的高度，积累了很多成功的经验，但也不乏失败的教训。国外的研究实践主要集中于开发运作和规划设计两个方面。其中开发运作涉及资金筹集、机构设置、运营管理、功能定位和实施评价等方面的经验；而规划设计主要从空间规划角度探讨与城市中心区建立联系和增加人气的手段和方法。下面简要陈述北美、欧洲、日本和新加坡的实践经验。

① 北美的实践经验。

美国巴尔的摩内港的开发、温哥华格兰维勒岛改造、纽约南大街码头区和波士顿海军码头等，从功能定位上看，均为集多种功能于一身的城市综合体，承担着所在城市的重要职能，而不同功能的组合，又能够塑造出具有不同城市特色的空间格局。其实践经验在于重视利用商业手段和商业设施的建设来复兴衰落的地区。

② 欧洲的实践经验。

英国伦敦码头区和卡迪夫码头改造的成功经验在于其成功地利用了周边完善的基础设施，并成立了独立的码头开发公司，通过私人开发带动了整个码头区的改造。这种模式初步形成了以商业开发为主、政府基本不介入开发的指导思想。同时，这些改造还十分注重对地区历史风貌的保护。不少废弃的仓库货栈具有英国 19 世纪的建筑形式和风格，在保持其外观的前提下，对其内部结构加以改造，变更空间格局，并增添现代化的居住设施，将其改造成为深受新生代中产阶层喜爱的豪华公寓。因此，欧洲的实践经验在于以历史文化环境保护为核心来提高更新地区的影响力，并且重视对历史地段的整体保护。

③ 日本和新加坡的实践经验。

日本钏路港、横滨 MM21 滨水区改造均关注于人们随着休闲时间的增多而日渐增强的亲水性需求。日本的经验在于重视商业开发、基础设施建设等硬环境，同时充分利用了历史文化遗产等城市软环境。新加坡码头区的改造堪称典范，克拉码头是其成功实践的代表。它们的经验在于，改造前期就对滨水地段进行整体控制，且对整个区域进行统筹规划；设计外环交通以提升区域的可达性；通过均匀布置沿河开放空间和垂直河道的林荫大道，整合滨水空间结构；针对不同码头区的地理位置和建筑特色，采取分区实施的策略。

2. 国内相关研究

（1）理论研究。

国内关于滨水工业区更新的理论研究可以大致分为开发控制、规划设计和实施管理 3 个方面，下面将对规划设计方面的研究进行简要评述。

陆邵明指出，码头工业区的开发设计要因地制宜，与城市发展、历史和未来、自然要素紧密地结合起来，使其再生为城市景观[11]。程世丹等提出了城市滨水区在功能转型中的城市设计策略，强调要挖掘地域文化的特质，对城市设计的实践具有指导意义[12]。赵鹏军提出滨水区公共空间的设计应该处理好与公共交通和社区之间的关系，同时要注意对城市文脉的延续[13]。方华等以荷伯特城市滨水区改造为例，提出在空间形态和城市活动方面的改造理念，应注重滨水区域的开放性和与城市其他要素的连续性[14]。运迎霞、李晓峰通过总结国外研究经验，建议中国的研究应从区域角度研究功能定位[15]。此外，陈婷婷从功能更新和文脉传承两方面强调了该类地段改造工作的重点[16]。曹丽平和林巧蓉分别从环境艺术和景观建筑学角度探讨了滨水区产业地段中各要素的改造设计和外部空间环境的塑造[17] [18]。李艳从理论和实践方面归纳总结了国内外城市中心滨水区改造的指导思想、改造模式和途径，对中国相关的实际操作具有参考价值[19]。

（2）更新实践。

近年来，随着产业结构的调整和滨水区自身具有的各方面优势，中国各大滨水城市也逐渐掀起了滨水工业区更新的浪潮，如上海、宁波、武汉、广州等地均制定了滨水工业区更新改造规划。需要指出的是，由于国内外经济社会发展的程度不同，所以它们各自的更新动因也不同。国内的滨水工业区更新多是从环境整治和景观美化角度进行的，或是基于对滨水区土地功能的转变与升值而针对旧工业建筑单体进行的改造。但是，国内外在忽视城市空间形态和历史文脉的延续问题上是具有共性的。因此，本书对具有此类问题或是采取相关措施的国外实例的研究将会具有重要的参考价值。

1.4.2 滨水工业遗产的相关研究

李增军通过对上海黄浦江两岸工业遗产现状的研究，基于共生的思想提出城市、区域以及工业遗产本体 3 个层面，对滨江工业遗产保护及再开发策略进行了详细研究[20]。方华等通过对荷伯特城市滨水区改造实践经验的分析，提出滨水工业区更新应注重滨水区的开放性以及与城市公共空间的联系性[14]。曹丽平对滨水区旧产业建筑现状进行了分析研究，并基于滨水区旧产业建筑的建筑空间特点与区域位置关系提出了内部空间以及外部空间改造方法[17]。陈婷婷在其硕士论文中探讨了滨水区更新改造的要点，并从功能置换和文化延续两方面强调了滨水旧工业区地段的改造设计策略[16]。范丽君在分析国内外滨水工业区空间更新现状的基础上，提出了通过整合开发的方式对滨水旧工业区进行更新的方法，主要体现在滨水区用地的整体开发、道路交通系统整合、各地块功能多样互补几个方面[21]。陆邵明介绍了英国码头遗产及其滨水区的保护再生实践，构建了"物—场—事"的保护策略与框架体系，他认为保护主导下的码头遗产适应性再利用，既要注重物质更新，也要注重事件的再现与营造，从而创造出一种有特质的、生态的滨水生活模式[22]。朱蓉通过介绍英国迪尔码头改造的代表性实例，从历史建筑再利用以及可持续生态设计理念的角度，分析探讨了城市滨水区工业建筑遗产在城市复兴改造中的可行性与发展方式，以及对于促进城市经济、社会和文化整体可持续性发展的重要作用[23]。王嵩等以武汉杨泗港整体搬迁项目为契机，从区域整体角度出发，在详细规划设计中以保留框架、衔接区域、利用要素为价值取向，重新定义了滨水区工业遗产的功能并改造了其空间，力图探索一种经济效益与社会效益双赢的工业遗产共生模式[24]。王雅娜在对国内外滨水区工业遗产保护实践成功案例进行归纳评析的基础上，总结形成了大连港滨水区工业遗产规划的保护对策和建议[25]。朱晓青等结合国内外滨水区工业遗产再生模式的研究和实践，对京杭运河杭州段工业遗产建筑群的空间格局演变特征进行了剖析，以建筑群景观空间改造为切入点，提炼出京杭运河杭州段沿岸景观的重构策略[26]。桑莉从"系列遗产"的角度出发，展开了"港口系列遗产保护"的思考，以原真性、整体性和可持续性为原则，对系列遗产的资源要素进行整合，并以青岛大港邮轮母港改造计划为"触点"，建立起遗产单元之间的相互联系[27]。张强以上海杨浦滨江地区为研究对象，以实际工程项目为依托，在分析滨江工业区的历史文化价值以及景观风貌特征的基础上，研究滨水工业遗产区的城市复兴与空间重构的规划设计策略[28]。张松以上海黄浦江两岸地区重点综合开发项目为研究案例，针对 2010 年上海世博会会址、徐汇滨江地区两处重点地段的工业遗产分布状况、类型以及保护利用情况进行全面分析和评价，对重大活动主导下的工业遗产保护状况进行了研究，并对今后推进城市更新规划过程中工业遗产地区整体复兴等问题做了展望[29]。李丽萍在梳理国内外滨江区工业遗产的发展历程和相关理论的基础上，阐述了历史文脉与工业遗产、景观设计之间的关系及其表达手法，并对上海杨树浦发电厂进行了实证研究和概念性设计[30]。

1.4.3　工业遗产旅游的相关研究

1. 国外相关研究

由于欧美发达国家 20 世纪 60 年代就进入了后工业时代，因此在工业遗产再利用方面起步也大大早于中国，其中英、德两国在这方面的理论研究更为系统和成熟。这些国家大致经历了从对废弃工业遗产的铲除，到对单一工业建筑的保护性开发，再到对整个厂区的整体开发，最后到对区域工业遗产资源的整合并进行旅游开发的过程。这一过程持续发展了几十年的时间，期间各国学者对开发策略和方法进行了深入研究，并通过开发后的项目评价得到了较为客观全面的理论体系。

Baudbovy 提出，工业遗产旅游开发是伴随后工业社会发展而产生的一种社会经济现象[31]。Hospers 认为，区域性工业遗产旅游开发可以作为城市产业转型的触媒，是一种具有可持续性的发展方式[32]。Yale 对区域工业遗产旅游的概念、价值、特点等方面进行了深入研究，弥补了这一层面的空白[33]。在工业遗产的开发模式中，博物馆模式最为常见也最被人们认可，Philip Feifan Xie 在《发展工业遗产旅游：以俄亥俄州托来多市吉普博物馆为例》中指出，工业遗产旅游开发的博物馆模式具有 6 种特性：Potentials（潜力）、Stakeholders（利益相关者、投资者）、Adaptive reuse（保护与再利用）、Economics（经济效益）、Authenticity（遗产原真性）、Perceptions（感知度）[34]。

2. 国内相关研究

与国外相比，中国工业遗产旅游方面的理论研究仍处于起步探索阶段。中国针对工业遗产开发的专著及学术文章，大多是探讨废弃建筑的更新改造方法，尚停留在技术层面，而缺乏对工业遗产文化和价值的有益探索。从空间上来看，更多的研究集中在单体改造和厂区改造方面，尚未触及更具发展潜力的区域性开发。从学科交叉的角度来看，中国的理论研究未充分进行跨学科研究，仅仅在建筑学、城市规划、旅游学、经济学等单一学科内进行，旅游学在更新规划设计中的应用还是一片空白。

随着中国留学人才的归国和国内学者的出国考察，工业遗产区域性旅游开发的概念已传入中国，业内学者也开始了基础资料梳理的工作。其中关于工业遗产旅游方面的理论主要有：刘伯英从工业遗产保护的角度论述中国工业遗产旅游的开发；刘会远等通过对德国鲁尔区的实地调研，以游记的形式归纳了德国工业遗产旅游方面的现状[35]；韩福文等在城市意象理论基础上对沈阳市铁西区的空间意象构成要素进行了分析，探讨其工业遗产旅游形象塑造的可行性和基本途径[36]；唐璐在基于旅游综合体的概念上总结出"工业遗产旅游综合体开发"（Industry Heritage Tourism Complex Development）模式，来应对中国目前工业遗产旅游开发过程中出现的问题，迎合整个旅游业发展的趋势，并将这种模式运用到重庆市大渡口工业遗产旅游开发中[37]；章晶晶等提出工业遗产的保护和再开发应建立在对资源价值和开发因子、旅游因子充分认识的基础上，探析三者之间耦合协调度，从而形成有梯度的保护与旅游开发相结合的体系[38]；陈艳提出利用创意产业的高经济附加值来驱动工业遗产旅游的发展，共同达到保护工业遗产、完善城市产业结构调整、促进城市经济增长的目的[39]；虞虎认为大都市传统工业区的休闲旅游转型发展可划分为工业成长阶段、工业衰落阶段和休闲旅游复兴3个阶段，分别对应着独立的功能组团与分离式发展、工业功能退出与多中心发展、休闲旅游功能植入与城市功能组团多元化的发展特征[40]；李淼焱等在分析工业遗产旅游区域一体化开发必要性的基础上，从各区域政府协调合作、生态环境共同治理、强化旅游企业开发合作、共同做好营销宣传4个角度提出了具有针对性的辽宁省工业遗产旅游的开发对策[41]；朱蓉等以澳门代表性工业遗产益隆炮竹厂作为案例进行研究，介绍其历史背景、现状问题以及未来发展情况，在调研和分析基础上，从文化旅游发展方向，提出工厂旧址以及景观环境保护性改造的综合性策略[42]；章晶晶等在对工业遗产旅游现有开发模式和存在问题进行评述的基础上，提出"工业遗产旅游综合体"开发模式，对这一模式的规划方法进行了探讨，最后以杭州运河旅游综合体开发为例，从实践角度论证了规划方法的实用性[43]。

与工业遗产旅游不同，区域旅游规划方面的理论研究在中国发展起步较早，目前已形成具有体系化的基础理论和基本框架。较为突出的有吴必虎编写的《旅游规划原理》，其中详细介绍了旅游规划的概念特征、研究内容、开发原则和决策模型等[44]。赵耀星编写的《区域旅游规划、开发与管理》对区域旅游开发的特殊性做了深入分析，并对区域旅游规划的发展历程做了详尽的梳理[45]。邹统钎在《区域旅游合作模式与机制研究》一书中，深入讨论了区域旅游合作的必要性，提出了区域旅游合作模式和机制，指出区域旅游合作是面对竞争和发展的一种战略抉择，最后以欧洲国家区域旅游规划作为案例加以具体分析[46]。但遗憾的是，目前国内尚未有学者将工业遗产旅游与区域旅游开发进行结合，在中国发展区域性工业遗产旅游的时代机遇下，缺少能对工业遗产区域性旅游开发做出指导的理论研究。

1.4.4　后工业景观的相关研究

1. 国外相关研究

国外对于后工业景观的研究主要是在许多后工业景观案例产生的基础上进行的。Francisco Asensio Cerver 在《环境恢复》（*Environmental restoration*）一书中详细介绍了欧洲的生态环境恢复和工业废弃地景观改造的案例，例如法国南部尼姆城郊的一处大型公路服务区就是在原采石场的基础上改建起来的[47]。Naill Kirkwood 编写的《人工场地：对后工业景观的再思考》（*Manufactured Sites: Rethinking the post-industrial landscape*）是一本迄今为止针对废弃地更新的、汇集百家言论的专著。这本书来源于 1998 年哈佛大学设计研究院主办的一次题为"人工场地：关于场地技术和当前景观设计的会议（Manufactured Sites, A Landscape Conference on Site Technologies for Contemporary Practice）"的国际景观学术会议。会议邀请了来自澳大利亚、德国、英国和美国的专家学者做讲演，还有 200 多位从业者和学生参加了这次会议。这本书中汇集了生态、设计、技术等学科对工业废弃地更新的相关研究和实践案例，同时还介绍了工业废弃地的生态恢复所需的生态技术和相关策略。该书所涉及的生态恢复理论、策略和技术对于了解后工业景观提供了非常重要的参考价值[48]。

德国理论界对于后工业景观的研究同样是在后工业景观案例的基础上总结出来的。1999 年由 Weilacher 撰写的《从景观建筑到大地艺术》（*Between landscape architecture and land art*）一书在总论部分的"自然中的艺术"（*Art in Nature*）中将废弃工业环境中的大地艺术和景观设计实践归为"工业景观，裂变的景观"（*Industrial landscape, Disrupted landscape*）一节，详细地介绍了景观建筑和大地艺术的实践，其中包括 20 世纪 70 年代的美国大地艺术应用于矿区环境治理、德国科特布斯的大地艺术展以及 IBA 国际建筑展的实践，同时在书中阐明了大地艺术与景观建筑在废弃工业环境下的理论与实践的相互关系[49]。Regionalverband 在《在开放的天空下：埃姆歇景观公园》（*Under the open sky: emscher landscape park*）一书中对德国 Emsher Landerscape Park 区域公园的背景、内容以及项目后十年的规划进行了全面详细的介绍，并附有大量的珍贵图片[50]。路易斯·劳瑞斯（Luís Loures）致力于后工业景观改造的方法论研究，他通过分析大量后工业景观改造项目案例，总结出可达性、适应性、兼容性、易读性、连通性等 37 条设计原则，为类似的景观改造提供了理论基础[51]。

关于后工业景观的相关实践较多。1969 年多特蒙德园林展把钢铁生产的重工业城市的景观引入到 70 公顷的公园中，游人在公园中可以望见远处的高炉、矿山设备等工业景观，公园与城市连为一体，成为市民消遣的中心。这是园林展中首次对废弃工业区进行改造与恢复的实践，是后工业景观在德国的首次尝试。1983 年慕尼黑园博会的矿区公园，1991 年的科特布斯矿区恢复及其举办的大地艺术、装置艺术和多媒体艺术双年展等都致力于工业废弃地的改造。1991 年，鲁尔区举办的国际建筑展将德国后工业景观的发展推向高潮。该项目将埃姆舍地区的几个主要工业城市联系起来，通过净化河流、恢复自然景观、在工业废弃地的原址上建景观公园等措施，实现了该地区在经济、环境、社会等多方面的成功转型，也推动了德国后工业景观的发展。2000～2010 年，德国国际建筑展览会（Internationale Bauausstellung）在原东德地区的勃兰登堡州劳齐茨矿区进行工业废弃地的景观重建工作。Grossreaschen 在 2009 年举办了主题为"机遇——矿区工业废弃地的再开发"的国际会议，目的是使相关领域的国际专家、学者和实践者能有一个交流经验和汲取教训的平台，相互学习。2011 年，Ctopos Design 将首尔市西部一处始建于 1959 年的污水处理厂改造为艺术公园。利用旧厂房的水处理设施，变废为宝。整个设计具有现代感并且面向未来，在老厂房的环境中融合现代文化、自然和人类活动，获得了美国景观设计师协会（ASLA）年度通用设计荣誉奖，在景观设计界引起很大反响[52]。作为后工业景观设计方面的旗手，生态问题和城市更新一直是德国风景园林师彼得•拉茨（Peter Latz）设计理念和创作的核心。他的代表作品包括萨尔布吕肯市港口岛公园（HafeninselPark Saarbrücken）、杜伊斯堡北公园（Landscape Park Duisburg Nord）等。2016 年国际风景园林师联合会（IFLA）将被誉为国际风景园林领域的最高荣誉杰弗里•杰里科爵士奖（2016 Sir Geoffrey Jellicoe Award）颁发给他，以表彰他在后工业景观理论与实践方面的贡献[53]。

2. 国内相关研究

王向荣和林箐编撰的《西方现代景观设计的理论与实践》比较详细地介绍了西方现代景观设计产生的背景和发展的历程，并在本书的"德国的景观设计"一章中较为详细地介绍了德国现代景观的发展，提出了"工业之后的景观设计"概念，同时对典型的案例和重要代表人物进行了分析和介绍。虽然作者没有将"工业之后的景观设计"作为一种专门的设计学科列入当代景观设计领域，却为日后的深入研究提供了重要线索[54]。

任京燕采用"后工业景观"来表述尊重废弃工业环境地段历史的景观设计，并将"后工业景观设计"定义为"用景观设计的途径来进行工业废弃地的改造，在秉承工业景观的基础上，将衰败的工业废弃场地改造成为具有多重含义的景观"。论文中详细阐述了工业废弃地改造兴起的背景、工业废弃地的范畴和景观特征、对工业景观的态度及表现等内容，并且对后工业景观设计的思想和手法作了初步分析[1]。丁一巨和罗华发表了一系列关于后工业景观的文章，其中包括德国后奥运时代的景观解析、IBA 国际建筑展的介绍、北杜伊斯堡景观公园以及北戈尔帕地区露天废弃工业地的景观重建。他们对每个案例的介绍都很详细深入，为其他学者的研究提供了一定的案例细节支撑[55-57]。戴代新结合对上海宝山节能环保园核心区景观设计的评价分析，探讨了后工业景观设计语言的表达方法，他认为后工业景观设计强调场地分析与设计构思的整体性、空间与场所的再生以及技术与艺术的结合[58]。在后工业景观分类中，吴丹子等关注后工业滨水区码头的景观改造问题，通过对世界范围内多个工业码头案例的深入分析，探讨这些项目的主导方式、投入资金、后期收益、改造契机、用途和模式，并研究其中的内在关系，同时探索后工业滨水码头区的景观重生策略在地域特征、功能混合、城市公共空间系统、公众参与及学科合作等方面的价值和意义[59]。沈洁等通过研究德国卡尔·亚历山大矿山公园，探讨在该项目中展现的设计尊重现状、景观推动区域发展的策略[60]。胡柳等在对锡矿区的研究中，根据污染情况将矿区废弃地分为污染严重和以闲置为主等两种类型，建立各自的修复模型，并提出不同的锡矿区废弃地的景观发展模式[61]。

对于工业废弃地的景观改造，国内比较知名的是广州中山岐江公园设计，该设计在粤中造船厂旧厂址的基础上将其改造为岐江公园。设计保留了粤中造船厂旧址上的许多旧物，并且加入了很多和主题有关的创新设计，保护了造船厂的工业元素和生态环境，体现环保节约、概念创新的设计理念，取得了以最小成本实现最佳效果、建筑与环境和谐统一的效果，同时还发挥了展现与承载创业历程、记录城市记忆等功能。该公园建成后，在 2002 年 10 月获得了美国景观设计师协会 2002 年度荣誉设计奖。其他的案例还有沈阳铁西区的景观复兴、北京 798 艺术工厂等。

1.4.5　工业遗产使用后评价的相关研究

目前，国内对于工业遗产改造的研究主要集中在政策、开发模式、改造方式等开发者层面，重视对理念的讨论与国内外先进操作方式的介绍，但针对工业遗产使用后评价方面的研究依然较少，缺乏对于使用者需求与空间环境行为感受的讨论。

贺海芳等选取了南昌市两座工业遗产改造项目作为研究对象，以层次分析法、观察法、问卷调查以及模糊综合评价法等方法采集到的数据为基础，运用 AHP 法计算出各级指标权重，并结合问卷调查结果构建使用者的满意度评价模型，分析工业遗产项目再利用后运行过程中的规划布局、空间功能、环境品质及使用感受，对指标权重值、项目层以及方案层等综合评价进行比较分析，对南昌市的城市工业遗产再利用后的环境使用效果进行评价[62]。芮光晔等选取了将城市工业遗产改造为创意产业园区的广州红砖厂为研究案例，通过对红砖厂空间改造的使用后评价，关注人的使用需求与环境感受，综合利用行为记录、行为地图观察、问卷调查等方式，从不同角度分析使用者的空间感受，提出红砖厂改造的正反经验，并通过积累反馈数据，为同类城市工业遗产改造提出建议[63]。运用同样的方法，张宇等通过对内蒙古工业大学建筑馆室内多义空间开展使用后评价工作，将建筑馆 A 座主体部分中的门厅、主厅、边厅、阶梯式平台四部分内容基于评价理论下的具体评价方法和步骤予以评价，为类似的工业遗产改造中的建筑设计提供借鉴参考[64]。在工业遗产改造的景观设计领域，洪清婧以中国工业遗址改造的景观设计著名案例岐江公园作为研究对象，运用使用后评价法，以满意度评价为切入点，验证设计准则与满意度之间的相关性，为以后的改进提供依据，同时为新建工业遗址景观项目提供理论参考[65]。

1.5 滨水工业区空间更新中的整合问题

1.5.1 整合的目标与原则

1. 整合的目标

阿尔多·罗西曾指出："价值是建筑与城市的积极元素，可以从精神领域转化为物质实体，并表现在城市与建筑中，城市与建筑以及城市空间的形成都与价值有关。"整合思想的价值取向决定着滨水工业区空间更新的目标：促进经济发展、延续城市记忆和维护生态环境。

（1）促进经济发展。

当代城市的价值取向是多元的，经济性是当代城市发展追求的重要价值之一，高效是现代城市的一个重要标志。各大城市在面临土地和空间资源紧张等约束条件下的发展困境时，通过引导更新具有经济价值的滨水工业区，引入新的产业，增加就业机会，形成新的经济增长点，以此为触媒树立地区的品牌价值，带动周边地区的经济发展，从而起到合理配置土地资源和高效利用城市空间的作用。

（2）延续城市记忆。

随着多元化的价值取向渐入人心，表达城市多元化的市民社会应在城市规划中得到强化，表达世俗生活（如休闲、交往）的空间应成为规划设计的重点。通过挖掘城市的内涵和特色，将其融入具有工业记忆的滨水工业区中，弥补社区功能，完善城市空间结构，加强公共空间建设，增强市民的归属感，促进城市健康发展，形成自由公平的社会秩序和科学合理的社会环境。

（3）维护生态环境。

城市是一个包含经济、社会、文化和生态等要素的复合系统，要重视经济、社会和自然的协调发展，技术、文化与景观的充分融合。城市滨水工业区作为滨水区的重要组成部分，对维持平衡的城市生态环境起着至关重要的作用。通过整合分散杂乱的城市滨水工业区，加强绿化系统的建设，形成城市滨水区新的生态平衡；通过改善基础设施，提高旧产业建筑与地段的空间形象，形成具有地区特色的滨水景观和识别性强的城市形象；合理控制城市的发展水平，维护可持续的生态环境。

2. 整合的原则

将整合思想应用于滨水工业区空间更新中，则整合思想的理论基础决定了滨水工业区与城市系统整合的原则：整体性、可达性、多样性和延续性。系统理论、城市触媒理论要求整合过程要以整体性和可达性为原则。场所理论和拼贴城市理论体现了要兼顾城市历史性和共时性的属性，具有重要历史价值和文化价值的滨水工业区更新改造要注意延续城市的工业文脉，传承城市记忆。

（1）整体性。

系统论的核心思想是系统的整体观念，整体性是系统方法的基本出发点，是现代城市设计的基本原则。整体性设计原则针对的是传统建筑设计不顾整体而专注于单体设计的缺陷。要使滨水工业区作为城市触媒而带动周边滨水区域的联动发展，更新设计必须从城市全局出发。城市滨水工业区是城市整体中的一个组成部分，要从各个方面建立其与城市的有机联系。这里的整体性应该包含两个层面的含义：城市的整体性和滨水工业区内的整体性。

① 城市的整体性。

滨水工业区的空间更新不能与城市整体分割开来，要努力通过各种方式，如开敞的绿化系统、便捷的公交系统，将其与整座城市联系起来，并把市民的活动引向滨水工业区，努力加强其与城市的联系。

② 滨水工业区内的整体性。

城市发展的共时性决定了城市空间形体要素间的紧密关联，就像机械运动中互动的齿轮：相互制约，相互推动，在构成形态上体现出整体的秩序。要形成有整体感的城市空间序列，保持滨水景观的整体性，必须使建筑群体具有内在秩序。在滨水工业区中，建筑群体应表现一定的主题，并在一定范围内被公众认同。若存在新建筑的介入，应体现对这一整体性主题的尊重。

（2）可达性。

1959 年，Hansen 首次提出可达性的概念，将其定义为交通网络中各节点相互作用的机会[66]。本书中的可达性主要是指视觉和距离上的可达性。滨水工业区应与滨水区的其他空间共同构成城市公共空间的有机组成部分，这里的滨水空间应是向公众开放的界面，临界面建筑的密度和形式不能损坏城市景观轮廓线并应保证其在视觉上的通透性。滨水区的产业建筑体量较大，在更新中应注意产业建筑的改造对公众视线的遮挡问题，应提供尽可能多的公共空间和公共设施，并考虑所有人包括行动不便者均可步行或通过各种交通工具安全抵达，而不被道路、产业建筑或构筑物所阻隔。

（3）多样性。

美国学者简·雅各布斯于 1961 年在其著作《美国大城市的死与生》中提出了城市多样性理论。她认为城市是人类聚居的产物，成千上万的人聚集在城市里，而这些人的兴趣、能力、需求、财富甚至口味又都千差万别的。因此，无论从经济角度，还是从社会角度来看，城市均需要尽可能错综复杂并且相互支持功用的多样性，来满足人们的生活需求，正所谓"多样性是城市的天性"[67]。

与多样性相联系的是土地的混合使用。土地的适当混合使用是提高土地使用价值的关键。可以通过提供多种活动内容和多种体验，把居住、工作、休闲、娱乐等功能进行有机联系。如果功能单一，过于强调纪念性，则会导致土地使用效率低、使用时间短等后果，最终不免沦为单调的闲置空间。

面对日趋多元化的城市公共生活，滨水工业区的更新应在功能上实现多样的用地平衡。在空间上实现多样的复合开发，在有限的空间内创造多样化的自然环境、开敞空间和各种功能设施，为公众提供多种体验和选择。

（4）延续性。

延续应体现在空间上的延续和时间上的延续两个方面。通过空间构成要素将滨水工业区与周边其他区域联系起来，保持与城市和自然环境（水体）上的延续；注意对旧产业建筑或设施的再利用，保持与历史文脉的延续。

1.5.2　整合的范畴与对象

1. 整合的范畴

城市作为一个社会、经济、生态复合的巨系统，存在着复杂的社会结构、经济结构和生态结构，这些结构要素最终均要在空间地域上有所反映，这也决定了城市空间必然具有社会、经济、物质等多种属性。而本书所研究的空间更新是仅从其空间的物质属性入手，即研究城市空间系统的物质形态，并使各种关系在这个层面上得到统一。

针对前文提到的滨水工业区与城市系统之间的"分离"现象，究其根本原因，是由于滨水工业区的功能性衰退，即与现代城市的功能缺乏联系，并导致其原有空间结构已不适应城市经济结构、社会结构的发展。因而，应从改变功能和结构方面入手，探讨解决其与城市的隔离问题。

2. 滨水工业区与城市功能的整合

滨水工业区衰退的因素之一就是与城市功能的断裂关系。城市功能是由城市的各种结构性因素决定的城市的机能或能力，是城市在一定区域范围内的政治、经济、文化、社会活动所具有的能力和所起的作用。

城市功能是各种功能相互联系、相互作用而形成的有机结合的整体，而不是各种功能的简单相加。各种城市功能作为城市整体功能的一部分，按照城市整体功能的目的发挥着各自的作用。

3. 滨水工业区与城市形态的整合

滨水工业区与城市形态的整合是着眼于功能性衰退这一因素而进行的。城市形态是城市空间形态的简称，指城市空间结构的外在表现。同样的空间结构可以有多种不同形式的空间形态。然而，滨水工业区与城市功能、城市形态的整合应是相辅相成的。城市的空间形态是空间结构的外在表现，而空间结构是其功能结构的直接反映。因此，这两方面也可视为整合的两个不同层次。

4. 整合的对象

本书对滨水工业区空间更新中整合的对象即是前文中所定义的滨水工业区空间要素

（码头、产业建筑及附属设施、道路、绿化和公共空间等），通过运用整合的手段，加强这些空间要素与其他城市要素之间（建筑、交通、景观环境等）的联系而使其再次融入城市系统中。

1.6 研究内容与研究思路

1.6.1 研究内容

第1章主要介绍基础性的研究背景，描述滨水工业区社会发展的历史以及工业区的演变过程，阐述相关的重要概念、理论基础和国内外研究状况，为深入分析和描述奠定理论基础。

第2章主要介绍滨水工业区与城市功能的理念、实例、功能整合的方式。

第3章主要介绍改造滨水工业区与城市形态的理念与影响因素、实例、形态整合的方式。

第4章主要介绍改造为文化类项目的案例。

第5章主要介绍改造为居住、商业和混合功能的案例。

第6章主要介绍改造为开放空间和公园的案例。

第7章主要介绍工业遗产使用后评价的案例。

1.6.2 研究思路与研究方法

本书从滨水工业区的现状入手，提出空间更新的整合策略，整体上按照"提出问题—分析问题—解决问题"的思路进行研究。

本书主要运用以下研究方法：

（1）系统分析法：将城市作为一个系统，构建滨水工业区与城市系统之间的关系框架；与此同时，将滨水工业区作为一个系统，构建其与水体之间的关系框架，并找出解决现状隔离问题的可行方案。

（2）文献研究法：搜集、整理相关文献，实现对已有研究成果的掌握。

（3）调查研究法：实地考察、访谈和收集二手资料。

（4）对比研究法：对国内外的更新实例进行对比研究，进而有针对性地提出国内滨水工业区的空间更新策略。

1.7 本章小结

　　本章首先针对国内城市滨水区更新改造面临的问题，引入整合思想，提出滨水工业区与城市的整合，包括与城市功能的整合以及与城市形态的整合两方面。本章对滨水工业区更新、滨水工业遗产、后工业景观等概念进行了界定。滨水工业区改造的相关理论包括整合思想、城市触媒理论、场所理论、系统理论等。研究方法主要以理论分析与实证考察为主。

第 2 章　滨水工业区与城市功能的整合

2.1　功能整合的理念与层面

一般来说，滨水工业区的前身多是码头工业区，由于过去的单一功能已经不能满足现代城市发展的多元需要，因此在城市发展过程中逐渐失去优势，被人遗弃。国内许多更新改造后的码头工业区，如广州的太古仓等，缺乏多样化的城市活动内容，码头、厂房和仓库是唯一的"风景"，而吸引城市居民的商业、文化、娱乐设施和必要的城市基础设施严重不足。这种功能的单一化也会造成其空间的乏味，使该区域成为城市功能中的断层。因此，欲整合码头工业区与城市系统的关系，首先应该关注其与城市功能的整合。

2.1.1　功能更新的可持续发展

1. 可持续发展

"可持续发展（Sustainable Development）"作为一个重要的战略思想，目前已经为全世界所普遍接受，并且已成为国家之间的行动准则。中国也将可持续发展确定为经济社会发展的基本战略之一。可持续发展的概念源于生态学，针对资源紧缺和生态环境恶化带来的压力，可以理解为保持与延长资源的生产使用性和资源基础的完整性，意味着资源能够为人类所利用，并不至于耗尽而影响后代的生产活动。目前对于可持续发展的解释被普遍认可的是布伦德兰委员会（世界环境与发展委员会）对其下的定义："既满足当代人的需要，又不对满足后代人需要的能力构成危害的发展。"可持续发展遵循"3R"原则：减少资源消耗（Reduce）、增加资源的重复使用（Reuse）、资源的循环再生（Recycle）。整合作为城市空间更新的基本方法，是基于整体及其内部结构关系基础上的改造，从城市系统的角度对现有功能结构进行调整以及优化。

2. 滨水工业区的可持续性再利用

在滨水工业区中，生产、存储和运输等对城市滨水的生态环境造成了必然性的破坏；码头工业区中的产业建筑、设施和码头等物质要素的闲置多是由于功能性衰退而未得到有效利用；滨水工业区对滨水城市的文化尤其是近代工业文化的传承将会成为城市精神财富的积累。因此，无论是从生态、经济还是社会角度来看，那些保存完整的或被评价具有历史文化价值的滨水工业区都可以进行保护性再利用，即对原有的物质空间要素进行适当的保留或改造，植入符合现代城市发展的其他功能以对其进行再利用。

2.1.2　转向整合的功能规划

1. 由分化向整合的转变

《雅典宪章》所提出的分区规划思想，在当时的产业革命中体现了对人的关怀和对理性的依赖。《马丘比丘宪章》则指出每一座建筑都不是孤立的，而是一个连续的统一体中的一个单元，它需要同其他单元进行对话，以使其自身的形象完整。《北京宪章》针对现代建筑环境不尽如人意的现状，提出现代化城市的建设和发展要保证人类生存质量及人文环境的全面优化，要走向"建筑、地景、城市规划的融合"。这里的城市现代化有 4 方面含义：可持续发展、以人为本、新技术的广泛应用和文化的继承与发展。

2. 有机更新导向下的整合思想

滨水工业区随着产业功能的退化，其物质空间要素与城市功能之间日渐失去了联系，或是被闲置得不到有效利用，或是零星开发难以发挥更新改造的集聚效应。

早期的滨水工业区更新改造项目，很多都在整体环境的连续性上存在不足，即使像巴尔的摩内港这样较成功的更新，也因为缺少整体设计，导致各地块之间相互独立，没有与城市建构良好的联系。而英国伦敦港区中的金雀码头之所以失败，一个主要原因是政府完全放弃规划控制，缺乏前期的发展战略指导，听凭市场去运作，开发商进行随机式的建设行为，整个工程项目凌乱而拥挤，造成建设项目的重复性和功能的畸形发展。

在中国，一些开发商往往把目光投向那些高利润、高回报的开发项目，而对开发难度大的地区则置之不理。当然，这种缺乏整体性和计划性的零星开发，也并没有解决城市滨水工业区功能与城市功能的分离问题，反而衍生出对滨水工业区用地再次分割的问题。滨水工业区的有机更新，就是要使每一片区的更新改造均能达到相对的完整性，这与整合思想的最终目的"整体大于部分之和"的整合效应是完全一致的。

3. 功能整合的层面

为了修补滨水工业区与城市功能之间的断裂关系，功能整合对策应该贯穿、涉及其功能定位，即从宏观、中观到微观的不同规划层次。本书主要从中观层面探讨其与城市功能和形态的整合。滨水工业区与城市功能之间可以采取 3 种整合对策：一是从区域层面上，通过对滨水工业区与滨水的其他功能区的整体开发实现整合；二是从社区层面上，通过与周边社区互补功能的连锁实现整合；三是从滨水工业区自身层面上，通过对滨水工业区的各种可行性功能的复合实现整合。

2.2　功能整合的实例分析

2.2.1　新加坡河区域更新计划

1. 新加坡三大码头的整体开发

国外许多滨水城市以改善城市河流两岸的整体环境为契机，来激活城市的发展，推动城市边缘区的建设速度。新加坡河区域的更新堪称是整体开发的一个成功范例。新加坡河更新段长 2.5 千米，区域总面积 96 公顷，包括水体面积 10 公顷。200 多年来，新加坡从殖民地时期的航运中心发展成为世界第二大港口和亚洲重要的金融中心。至 20 世纪 70 年代，新加坡河被严重污染而成为污水河。直到 1983 年，新加坡河才终于结束了航运生涯，并在河域两岸遗留下了大量的码头和仓库、工厂等产业建筑。在新加坡河的航运生涯中有三大主要码头：驳船码头（Boat Quay）、克拉码头（Clarke Quay）和罗伯逊码头（Roberson Quay）（图 2.1）。

2. 功能结构规划

1977 年，新加坡的环境部首先提出整治新加坡河的规划方案，至 1994 年，建设局进一步确定了改造的策略和方法。改造的目的在于创造区域新面貌，保留有重要历史价值的建筑遗产，控制开发新建筑，合理利用滨水景观资源，兼以配置娱乐和文化设施，将新加坡河由传统运输河道转变为集商业、休闲、娱乐为一体的历史性街区。其规划结构可归纳为"一轴三区"。"一轴"是指作为该区核心的活动之轴新加坡河；"三区"是指以三大码头为中心而发展的各具特色的 3 个区域。同时规定现有建筑用作新的使用，一般不准拆除现有建筑。其中驳船码头多由零星的小块用地组成，为能够保证更新后的空间质量，将其合并为三块较大的用地，再由开发商进行规划设计。因此，也避免了片断式的开发建设难以解决与城市形态整合的问题。

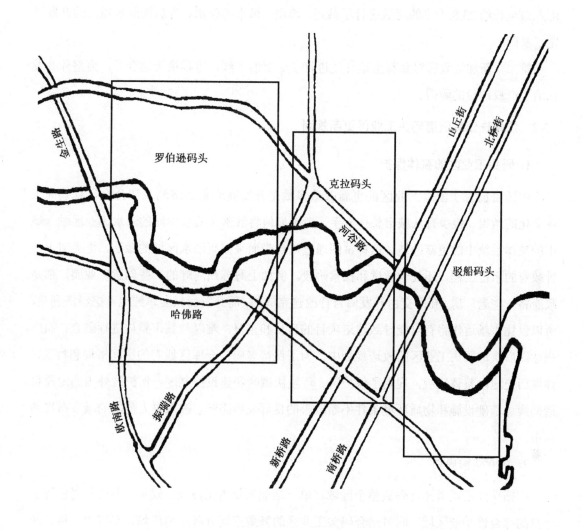

图 2.1　新加坡河区域更新项目规划布局

资料来源：新加坡河地区规划[J]. 司徒忠义, 译. 国外城市规划, 1988 (1): 41-46

3. 更新评价

新加坡河区域更新项目的成功经验体现在以下两个方面：

第一，在规划部门涉足前，环境部门已经对河域进行了水体整治和环境改善规划，这就为整体开发做了必要的前期准备。

中国也有类似的案例，如上海市在 1999 年对苏州河从闵行区的华漕向东直到黄浦江汇入口全长约 23.8 千米的河域进行了截污、清淤、调水的整治，为后期滨水项目的开发奠定了基础。

第二，新加坡政府对私有土地开发进行了必要的干涉，将零星土地合并，为整体开发扫清了产权纠纷的障碍。

2.2.2 广州珠江后航道码头工业区更新规划

1. 码头工业区的整体保护

中国目前对于滨水工业区的更新改造多数是开发商追求经济利益和公众盲目崇尚工业文化的结果，很少有从城市整体入手，考虑如何将散落在滨水岸线的滨水工业区融入城市的整体系统中的更新改造。这种试图通过以点带面来振兴滨水区域的做法，更类似于一种政府的示范工程，还处于尝试和探索阶段。例如上海苏州河畔的一些创意产业园，都是政府将一些老厂房、仓库交由开发商自行改建完成的，而开发商只会单纯地考虑经济利益，所以仅凭市场运作将有可能导致建造项目的盲目和重复，难以与城市整体进行融合。而广州珠江后航道码头工业区的改造规划中，为了保持老码头仓库区原有的空间格局和特征，体现历史地段整体风貌，规划了保护区、环境协调区和建设控制区，保护区外围的地段将借助周边基础设施和物质环境条件不断改善的良好发展态势，融入更大范围的城市布局结构中。

2. 功能结构规划

广州珠江后航道洋行码头整个区域将单一功能调整为集商业、娱乐、办公和居住等于一身的综合性功能区域，同时结合码头工业区的开敞空间开辟绿地广场，形成"一核、两带、多节点"的空间格局，在保护与再发展综合平衡的基础上，为码头工业区的复兴改造注入新的活力。"一核"为由太古仓、渣甸仓、日清仓、协同和机器厂旧址及其中心文化广场组成的具有深厚历史文化内涵的核心滨水公共空间，由此形成珠江后航道景观高潮；"两带"为沿珠江两岸的历史文化休闲带，形成集历史人文景观和沿江自然景观为一体的滨水休闲景观带。同时，以太古仓等重要的近现代工业遗迹保护为依托，共同形成沿江的重要历史景观节点。

3. 更新评价

广州珠江后航道码头工业区更新规划是政府通过整体规划滨水两岸的码头工业区及周边其他用地的功能结构及空间布局，确定各用地的功能转换类型，再将"熟地"交由开发商建设。这种通过对沿岸用地的整体开发来整合功能没落的码头工业区与城市功能之间关系的策略是值得借鉴的。

2.2.3　瑞典斯德哥尔摩码头工业区更新

1. 更新目标

瑞典斯德哥尔摩的哈默比湖城位于中心城区的东南边缘，17 世纪以来，这里作为码头工业区曾经历了一个长期演化和无序扩张的过程，并为日后的开发更新留下了不少产业遗存和制约条件。在 20 世纪末，该城利用滨水和处于城中心边缘的区位优势，将废弃的码头工业区进行了更新改造。整个项目占地 145 公顷，在 2015 年已建成，目标是将其打造成一个具有良好建筑艺术环境的现代化、生态型新城镇。届时将建成住宅 1 万套，共有 3 万人在此生活和工作。目前完工的区块已有 1 万多名居民入住。

2. 与社区功能互补

哈默比湖城的建设利用码头工业区的文化气质和滨水优势，同时充分考虑周边社区对多样化住宅和就业岗位的需求，从而实现了中心城区的自然延伸，将历史上的码头工业区与城中心整合为一体，会成为城市更新的典范。

同样来自瑞典的案例马尔默西港区的成效却并不显著。该案例改造的整体目标是将其转化为实现可持续发展概念的高档住宅区，但是新住宅的价格过于昂贵，超出了周边社区居民的支付能力，造成这一局面的主要原因是设计者对周边的住宅市场调查研究不够深入。由此可见，结合社区需求的功能定位是至关重要的。

3. 更新评价

以上案例带给我们的经验是：与周边社区紧密结合的功能定位，对滨水工业区更新改造具有重要意义。曾经是滨水城市中心区的码头工业区，历经功能性的衰退后往往成为滨水区域的一个独立体。如果能与区域内其他功能产生互动，整合其与社区功能之间的断裂关系，就能重新发挥这些低效的边缘空间的作用。码头工业区作为城市滨水区中的一种特殊类型，承载着城市的工业文化记忆。将各大滨水城市进行产业升级转型的挑战作为更新改造的契机，通过提升滨水环境品质，改造局部具有历史价值的码头工业区来延续城市的工业文化底蕴，就能为所在社区增添新的活力。

目前，国内的更新改造多为模仿国外的更新模式。由于中国滨水工业区还没有达到国外的衰退程度，因此很多改造项目只是开发商试图通过对其简易地改造，然后等待地价上升，从而谋取经济利益，而政府又难以投入大量的资金将其更新为公共设施类或经济适用房等考虑公众利益的项目。故此建议可以参考私人资本参与基础设施建设的 BOT 方式来完成改造，即允许开发商在一定期限内对地段进行投资并赚取利润，当期限满时再将项目转交给政府。但其前提是政府对土地进行功能置换时要考虑其与社区功能的连锁，只有这样才能从根本上解决其与城市功能分离的问题，以避免上述盲目和重复性的更新改造。

2.3　功能整合的方式

2.3.1　沿岸用地的整体开发

1. 体现整体性的开发

在系统论中，系统的整体功能是各要素在孤立状态下所没有的性质，但并不是各要素的机械组合或简单叠加。系统中各要素不是孤立地存在着，每个要素都在系统中起着特定的作用。各要素之间相互关联，构成了一个不可分割的整体。如果将某个要素从系统整体中割离出来，系统将失去该要素的作用。城市是一个复杂的巨系统，整体性、关联性、等级结构性、动态平衡性和时序性等是其基本特征。系统论的基本思想方法，就是把所研究和处理的对象当作一个系统，分析系统的结构和功能，研究系统、要素、环境的相互关系，并以优化系统的观点看问题。任何事物都可以看成是一个系统，大至渺茫的宇宙，小至微观的原子。可以把城市本身看作是一个系统，也可以把城市看作是各个子系统的集合。整体开发注重滨水工业区中每一个地段与周边区域和城市之间的关联，通过适度规模的完整性开发，使各地段之间密切联系，构成具有相对完整性的集合。

2. 零星开发向整体开发转变

在更新改造的前期，应从更大的区域范围内去考虑各码头工业区的空间布局。这种空间布局，是建立在透彻分析城市系统内其他空间要素的基础上的。片段式的零星开发，理应转向一种整体开发策略，这是宏观层面上对滨水工业区功能转型的控制。

整体开发，就是在系统论的基本思想的指导下提出的一种整合城市功能的策略，是指在整体的设计指导下进行的开发、改建和调整，并非一次性移植式地创造一个全新的环境。这种整体观念指导下的开发更有利于新旧元素之间的融合。因此，片断式的更新改造应由零敲碎打的方式走向整体开发，从中观层面上则是将整个滨水沿岸用地视为一个整体进行开发。

城市的各项功能之间可以相互激发，某些功能对其他功能可以产生深远的影响，某种因素的加入可以产生连续反应的驱动力，成为城市结构中的触媒点。城市多种功能的结合可以起到联动效应，带动城市整体系统的功能整合。

2.3.2　与社区功能连锁互补开发

所谓的连锁，就是追求城市功能与资源的强化和互补，这种互补可以提高城市的整体竞争力。连锁的概念于 1980 年初在旧金山第一次被提出并应用，它最早的应用是基于城市建设中对环境的冲击而提出的舒缓对策，如美国的环境影响评估。本书中的"连锁"，是针对令国内开发尚趋之若鹜的滨水创意产业园的建设热潮而提出的一种整合策略。将废弃闲置的滨水工业区部分保留，改造成创意产业园，试图与国际化接轨，这是对国外更新模式的盲目模仿。追求短期的经济利益，就是对社区利益的长久牺牲。而连锁的策略，是在对周边社区的功能进行深入分析的基础上，提出互补型的功能，作为滨水工业区功能置换的参考，这是建立在对公众利益和社区利益的充分关注之上的。

2.3.3　多样功能的复合开发

1. 复合开发的更新趋势

国外滨水工业区功能更新的类型较丰富，可分为 4 种：再造中心型、文化集中地型、生活居住区型和商业休闲型。再造中心型，如英国伦敦码头区，以分解中心城的压力为更新目标。文化集中地型，如英国利物浦码头区，以文化休闲设施的建设为先导，对码头工业区进行改造有政府机构和政府基金的支持，通过国家美术馆分馆、博物馆等的进驻，吸引人流，并在此基础上吸引画廊、艺术品商店等商业性设施，形成了利物浦市的一个文化时尚活动中心。生活居住区型，如荷兰鹿特丹码头区，以中产阶级的生活居住设施的建设为核心，保留码头工业区的港池，拆除仓库等设施，全部新建多层公寓楼房，将港池建设成为住户服务的公共服务设施，形成围合的、以港池为中心的大街坊。商业休闲型，如美国西雅图码头区，以商业休闲为主要内容，形成了绵延 1 英里（1 英里合 1.609 3 千米）多的海岸商业休闲带。

功能的多样性是城市多样性的基础，各种功能的融合反映了不同功能内在的联系，不同功能的复合往往产生整体大于部分之和的效应。复合开发就是将传统的城市功能如交通、休息、娱乐、工作等与地区经济发展、人文与环境保护等进行高度交叠而形成的一种复合的开发模式，该模式能为需要综合解决多种功能的使用者带来方便。复合开发应将城市内部功能体系与城市职能体系联系起来，形成多类型、多层面的复合巨型体系。因此，复合开发应坚持满足人们的多种不同需求和满足多种不同层次人的需求两个原则。复合开发产生的各种功能的复合交汇将有利于达到整合效应。

2. 更新功能的多样复合

在西方国家城市港口工业区的再开发实践中，绝大多数都采取了使用功能多样化重组的规划策略，并取得了极好的社会效益和经济效益。每个项目在前期就对用地功能进行了精心策划，并在设计和实施中贯彻落实。下面是对部分滨水工业区更新后的土地使用功能进行的比较：

巴尔的摩内港区——在商业中心周围布置住宅和办公楼。在项目设置上，最接近水面的是商业、休憩和旅游设施（海洋馆、游艇中心）。

纽约巴特雷公园——用地性质以公共绿地和高层公寓为主，其中42%为居住用地；30%为公共绿地和广场；19%为街道用地；9%为商业和办公用地。

芝加哥海军码头——海军码头定位为公共活动中心，不能安排私人性质的住宅、办公和酒店等用途。关于土地利用方面的具体内容包括：展览和多功能厅、冬季花园和拱廊、休闲区和喷泉等设施、博物馆及文化设施、表演艺术中心、商业零售店、餐饮设施和小艇码头。

悉尼达令港——规划为展览、会议、娱乐、休闲和旅游中心。首先建成中心绿地、展览中心、商市、工艺博物馆、水族馆、航海博物馆等，再续建会议中心、两座旅游旅馆、一座信息中心和联系铁路客站等设施。

巴塞罗那老港——22%为运动设施用地，14.5%为办公用地，24.3%为娱乐和零售用地，15%为渔业用途用地，4.2%为教育设施用地，10%为居住用地，5%为商务用地，5%为其他用地。

以上项目的土地利用状况，均采用了3种以上功能相混合的方式，商业和旅游是功能定位的首选，可以大大聚集人气，提高空间的利用率。多功能混合成为区域社会和经济复兴的有力保证，还为公众提供了多样化的生活方式，成为城市发展的催化剂。

2.3.4 功能整合的对策

结合国内外的更新实例研究和上述总结的滨水工业区与城市功能的整合方式，分别针对滨水工业区空间分布的两种类型，即分散跨越式和集中港口式，提出滨水工业区与城市功能整合的对策。

1. 分散跨越式的功能整合

分散跨越式的滨水工业区，沿河或沿江分布有各种类型的厂房、仓库、船坞和码头等，如广州、上海、苏州、重庆等中国多数城市的码头工业区。这些城市跨越水域发展，而且水域两岸的区域联系密切。但是，部分滨水工业区的闲置或零星式的更新改造使城市生活远离了本该为市民所共享的水域，而且这类滨水工业区的历史地段给城市发展带来的积极影响也未充分体现，滨水工业区与城市功能系统相分离的问题并未得到根本解决。因此，对这种类型的滨水工业区，应该采用沿岸用地整体开发的整合方式，使水域两岸的码头工业区以至更广阔范围内的滨水区域都能在系统规划、整体开发的理念下进行更新改造，选择适度的规模进行分片区、分段式地开发，保证在一定范围内更新功能的相对完整性，使每一片区域都能成为沿岸用地的有机组成部分。

国内的滨水工业区更新的功能类型较单一，除了创意产业园类型，还有一些是将滨水工业区改建为城市公园的类型，如由原中山粤中造船厂改造成的岐江公园等。选择复合开发的地段需具有以下客观条件：部分机能开始衰退，但整体上还没有陷入全面衰败，还有一些具有人文历史或商业价值的地段可供开发等。从这个意义上来说，中国的一些滨水旧工业区的更新改造可以采取复合开发模式，通过多样功能的复合，拓宽其与城市其他区域建立功能联系的渠道。

对于像上海、广州等文化产业飞速发展的城市，已更新为创意产业园的码头工业区更适合转变为集工作、休闲、购物等多种功能于一体的复合型园区。园区功能的多元化，会使其在获得经济效益和环境效益的同时，更好地发挥园区的社会效益，具有可持续性。

对于创意产业等第三产业发展缓慢的城市，功能更新类型则更适合选择能够充分发挥其滨水功能和历史文化价值的博物馆或文化馆等公共设施；或基于生态恢复和滨水生活回归理念，选择将其改造为公共绿地或公园等。

在国内，水上旅游刚刚起步，如上海杨浦区、宁波老外滩码头工业区改造项目都曾以旧金山的渔人码头为参考样本，这种结合地域工业文化特色将滨水工业区改造为滨水公共活动中心的项目，会随着旅游业的蓬勃发展而日趋增多。

2. 集中港口式的功能整合

集中港口式的滨水工业区，多分布于中国的沿海地区，如大连、青岛等城市。由于海港运输的需求，多数这类码头仍在继续使用；少数功能衰退的小码头结构保存完好，仍具有再利用价值，例如青岛小港、大连港码头等。由于这些滨水工业区与其他码头共同开发后可形成联动效应，因此在更新改造中可以考虑为所在的社区服务，为周边区域提供一种互补的功能。应集文化、娱乐、休闲等多种功能于一体，或是结合旅游产业设置配套服务功能，即采用与社区功能连锁互补和多样功能复合开发的整合方式进行功能置换。

综上，针对滨水工业区的分散跨越式和集中港口式两种空间分布类型，可以得出相应的功能整合对策。分散跨越式的滨水工业区应采用沿岸用地整体开发的方式与城市功能融合。集中港口式的滨水工业区应采用与社区功能连锁互补和多样功能复合开发的整合方式，从弥补社区功能需求的角度考虑与城市功能的融合。

2.4　本章小结

本章以功能更新的可持续发展转向整合的功能规划作为更新理念，在分析国内外功能整合实例的基础上，分别从涉及滨水工业区功能定位的区域、社区和自身层面提出 3 种与城市功能整合的方式：沿岸用地的整体开发、与社区功能连锁互补开发和多样功能的复合开发。针对分散跨越式和集中港口式的滨水工业区，分别提出了相应的功能整合对策。

第3章　滨水工业区与城市形态的整合

3.1　形态整合的理念

"形态"一词源于生物学，指形式和结构的逻辑。形态概念延伸到城市规划领域，产生了城市形态学。城市形态是指一个城市的全面实体构成或实体环境，以及各类活动的空间结构和形式[68]。形态是功能结构的空间反映。在更新改造的前期，若未能重视滨水工业区与城市系统的融合关系，对功能的模糊定位最终反映在物质空间上也会导致其与城市形态的分离。

3.1.1　立体化的形态

在城市的发展过程中，城市空间同时在水平和垂直方向上组合，形成了城市形态立体化的发展趋势。交通立体化是其主要的表现形式。现代交通的高速发展使形态的立体化成为可能，从而可以为公共活动提供更多的空间。立体化的形态有不同基面的广场、空中步道、高架或地下车道以及地下街等表现形式。

立体化的形态具有以下优点：一是优化了城市环境，立体化的形态结合了不同的交通工具，疏解了同一基面上交通拥挤的状况，同时，也为创造出更多个性化的公共活动空间提供了契机；二是提高了城市效率，立体化的形态往往能够避免不同交通类型的相互干扰，提高了公共活动空间的可达性，从而提升城市的运转效率。

3.1.2　空间相互渗透的形态

著名的建筑史学家吉迪翁把人类的建造历史分为3个空间概念阶段：建筑实体阶段、巨型室内空间阶段和流动空间阶段。其中流动空间阶段以密斯·凡德罗的巴塞罗那国际博览会德国馆为代表，这一空间概念让城市空间更注重相互渗透、相互融合，从而体现了城市系统的整体性与连续性的特征。

空间渗透不仅要打破室内外空间的界限，还要在相邻区域的不同空间之间建立连接，这是顺应城市功能日益多元复杂的发展要求的需要，也是出于空间连续性和整体性的需要。

3.1.3 新旧结合的形态

城市是一个历史的产物，许多城市的历史之所以能够源远流长，是因为城市中不仅有数量众多的现代建筑，同时也保存着大量的历史建筑。具有再利用价值的历史建筑不但可以承担经济功能，也代表着历史、文化和传统的延续。因此，新旧结合的城市形态体现着城市具有历时性的特性，融合了新与旧的城市发展过程，在保持城市整体性和连续性的同时，还能够表达当代的特殊性。新旧结合的形态使城市可以将过去、现在和未来连接起来，这种时间上的延续和空间上的融合才能充分体现城市特殊的文化内涵。

3.2 形态整合的实例分析

3.2.1 爱尔兰都柏林斯潘塞码头区更新改造

1. 码头区发展受阻

都柏林是爱尔兰的一座港口城市，因集装箱运输服务需要进深很大的码头泊位。随着经济的发展，一些靠近城市中心的码头区纷纷迁到近海区域，城市中心遗留了大量的旧码头工业区。20 世纪 90 年代后期，丽妃河北岸开始更新并建造街道和住宅区。其中的斯潘塞码头位于住宅区北部，占地 8.5 公顷，原有的土地性质是铁路用地。由于原来产业用地功能的限制，隔断了其与周边区域的联系，甚至阻隔了其与河流及市中心的交通联系，所以更新的关键是要充分考虑改造区域与原有社区河流和市中心的关系。

2. 公共空间的网络连接

在规划前期，总体规划内容包括提供 2 000 多套住宅、零售商业、办公和社区用房以及商住用房，同时保留了一座城市公园。设计通过绿色桥梁跨越铁路线，将社区与运河两侧新建的条形绿带联系起来，作为最主要的交通联系纽带。通过公共空间和交通系统进行网络连接，使新社区融入现存社区中，落实方案的整体性构想。停车场设于地下，以尽量增大开放绿地的面积。同时，在基地的西侧公园内设有露天剧场，形成人流的汇集点，以强化新、旧社区间的融合。基地东侧和运河左岸还设置了小规模的艺术家工作室，以开敞的姿态面对步行道和人行桥上往来的人流。项目的公共空间包括广场、街道、自行车道、水域和水边条形绿地等，这些区域将成为承载不同功能的休闲场所（图 3.1）。

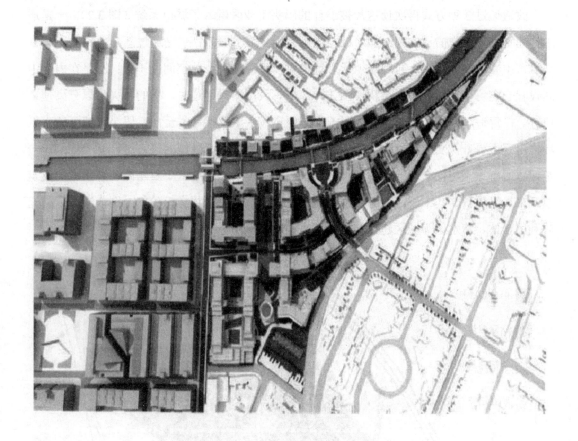

图 3.1　都柏林斯潘塞码头区更新规划

资料来源：都柏林斯潘塞码头区改造[J]. 城市建筑, 2007 (6): 82-83.

3.2.2　德国杜伊斯堡内港整治

1. 融入城市系统的设计目标

德国杜伊斯堡市在过去的几十年里，经历着一场经济结构的变迁。相对于第三产业的发展，传统的煤炭和钢铁工业走向了衰落。由于港口内企业的搬迁或关闭，原来热闹的工业区变成了工业废弃地。现在，杜伊斯堡内港的复兴和港区与城市的再次融合，成为鲁尔区城市结构转型最好的例证之一。杜伊斯堡内港的复兴计划开始于 20 世纪 70 年代。最初的规划只是停留在建设一些单独的住宅和修复部分古城墙的层面。当时的规划目标是，将内港地区对城市建设开放，通过更新改造建立城市和内港水域之间的联系，完成杜伊斯堡市滨水城市的整体设计。

2. 重新建立与市中心的联系

改造通过 3 种方式再次使这片被遗弃的码头工业区融入了城市系统（图 3.2）：一是通过构建垂直于水岸的道路，加强水域与城市其他区域的联系；二是通过新建公路重新建立与城市中心之间的联系，同时减少了车行道对步行环境和公共空间的干扰；三是在内港中间设置一座可以活动的步行吊桥（图 3.3），当有大型船只经过时，桥的中央可以分离使之通行。在营造个性化公共空间的同时，也方便市民的亲水活动。至此，码头工业区的水域环境得到了提升，交通的可达性也为这片区域聚集了人气。区域内规划遵循两个原则：一是保留所有原来用作仓库的、具有鲜明特征的产业建筑，通过赋予新功能和添加新的建筑单元来加以保护，其中最有名的是由一座小仓库改建的办公楼港口论坛（图 3.4）。二是充分利用水体，将水作为城区建设的新元素来改变街区形象（图 3.5）。

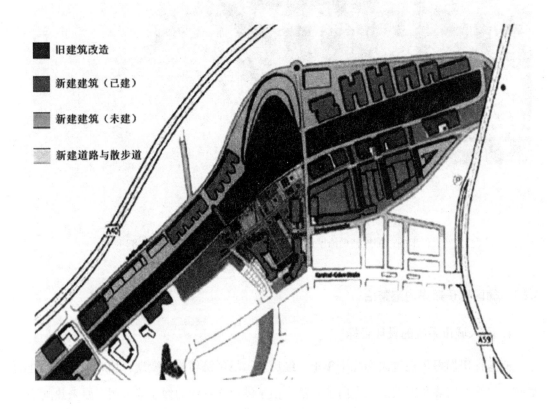

图 3.2　杜伊斯堡内港整治规划

资料来源：THEO KOETTER. 杜伊斯堡内港——一座在历史工业区上建起的新城区[J]. 常江, 译. 国外城市规划, 2008 (1): 12-15.

图 3.3　步行吊桥　　　　　　　　　　　　　图 3.4　港口论坛

资料来源：THEO KOETTER. 杜伊斯堡内港——一座在历史工业区上建起的新城区[J]. 常江, 译. 国外城市规划. 2008 (1): 12-15.

图 3.5　利用人工运河引入水体景观

资料来源：THEO KOETTER. 杜伊斯堡内港——一座在历史工业区上建起的新城区[J]. 常江, 译. 国外城市规划. 2008 (1): 12-15.

3.2.3 澳大利亚墨尔本滨海港区更新改造

1. "全民场所"理念指导下的空间更新

澳大利亚墨尔本滨海港区位于维多利亚港中心商务区的西侧。19世纪末，在铁路转运货场西端开辟了维多利亚码头，20世纪70年代之后，这些码头开始逐渐衰退，于是政府决定通过保护并利用这里的历史沉淀和滨水特点进行新的建设。工程建设自2000年开始，占地200公顷，包含一条7千米长的滨水地带，改造后的港区以高密度的公寓为主，在2015年已建成。

墨尔本滨海港区的更新改造是在"全民场所"理念的指导下创建出的一项公共空间规划的策略。在规划中，有超过20%的土地被保留下来作为公共空间，其中包括遍布滨海港区的公园、广场、步道和自行车道，它们将城市边缘其他区域的公共空间连接起来（图3.6）。

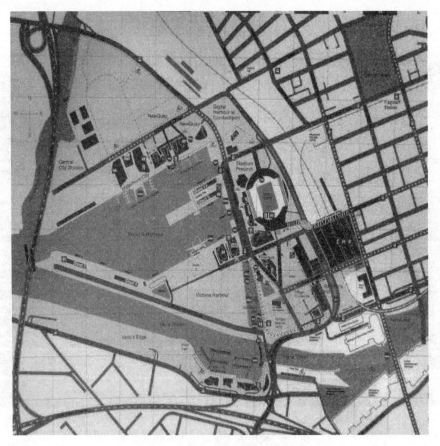

图3.6 墨尔本滨海港区改造规划

资料来源：杨宇, 王建国. 澳大利亚墨尔本滨海港区改造和产业建筑再利用[J]. 住区, 2007 (2)：88-91.

2. 多样化的交通方式

墨尔本滨海港区的改造提供了交通方式的多种选择性。港区交通便捷，快艇、轮渡、步行桥以及免费的城市环线电车可以轻松地将人们从城市的任一地点送至滨海港区，最大限度地为人们增加了交通方式的选择机会。通过配置鼓励多样化的交通方式，包括步行交通、自行车交通、大众交通和水运交通，减少小汽车的使用需求，最大化地利用现有的交通基础设施。此外，港区还经常举办一些新颖的活动，如赛艇、舞蹈派对和节日庆祝活动等，这些丰富多彩的活动使得港区成为墨尔本新的焦点。

3.3 形态整合的方式

3.3.1 交通系统的缝合

1. 交通形态的影响

由于生产和运输功能的需要，滨水工业区与城市之间通常会被一条滨水的快速路所分隔，造成与城市关系的断裂。而有些更新后的滨水工业区也未从根本上解决这个问题。例如，位于广州荔湾区珠江白鹅潭畔芳村长堤大街旁的滨江创意产业带，与国家级文物保护单位——沙面隔江相望。沿岸的水利水电机械施工等公司建于 20 世纪五六十年代的生产基地，信义会馆、广州 1850 创意产业园等均是其中的更新项目，这些项目主要提供展览、办公、会议等相关配套功能。但是它们只是针对各自地块进行独立改造，各用地之间被原码头工业区中的支路分离，且形状都不规则，想要到达园区需绕过曲折的支路，可达性都比较差。因此，码头工业区中这种普遍存在的与城市、与居民隔离的典型问题应得到解决。

缝合是医学中的一种常用的外科治疗手段，是指将断裂的组织或器官进行对合或重建其通道，以恢复其功能。在码头工业区空间更新中，缝合是指为避免快速路与铁路等对码头工业区的切割，通过某种方式将其与城市的交通系统重新建立联系的一种方法。交通系统的缝合旨在使更新后的码头工业区具有良好的可达性，使其能够更好地延续城市的肌理和形态。

城市道路交通是完成城市功能运转的重要保证，道路网络构成城市空间结构的基本骨架，直接影响着城市的形态。而城市的交通网主要由道路、高速路和轨道交通以及市内水道网组成。因此，应加大基础设施特别是道路交通设施的建设投入，这是促进码头工业区与城市形态整合的重要举措。

2. 多重立体的捷运系统

为解决码头工业区更新中的交通系统典型问题，悉尼的达令港和伦敦的码头区都曾斥巨资新建了轻轨交通线，期望能够提高该区域的可达性。但是，穿越港区的交通干道却再一次阻碍了其与城市中心的联系，并形成了破碎的空间，大大降低了人们来此观光的意愿。随着城市空间结构的日趋多元化，多重立体交叉成为解决这一问题的极好方式。立体交叉是指道路与道路或道路与铁路在不同高程上的交叉，利用跨线桥、地道等使相交的道路在不同的平面上交叉。

中国台湾《国语辞典》中将"大众捷运系统"定义为："利用地面、地下或高架设施，不受其他地面交通干扰，使用专用动力车辆行驶于专用路线，并以密集班次、大量快速输送都市及邻近地区旅客的公共运输系统。"由此可见，捷运系统是一种很好的优化公共交通的方式，在滨水工业区更新中设计捷运系统，是一种在考虑公众利益的基础上增强可达性的措施。

多重立体的捷运系统是指针对上述码头工业区中难以解决的与城市形态分离的问题，通过将这种公共运输系统进行高架或地下化处理，从而保证地面层上的码头工业区与城市能够顺畅连接。这是针对平行于水岸道路的一种处理方式。

在发达国家的滨水区更新中，有很多项目采取这种措施。20世纪80年代中期波士顿的中央快速道路地下化工程，以及奥斯陆滨水区项目把繁忙的交通干道以隧道方式穿越用地，它们的主要目的除了改善交通状况之外，还有试图消除中心区与水岸的隔断。而达令港在总结了失败的教训后，将轻轨和道路进行高架，并对地面层进行详尽的环境设计，以加强与其他区域的沟通。

3. 延伸至水岸的林荫道

多重立体的交通系统是对平行于水岸道路的一种处理方式，指状林荫道的建设是针对滨水快速路阻隔垂直于水岸道路的一种举措。巴黎塞纳河沿岸的更新改造中，奥斯特里茨（Austerlitz）街区就将原本封闭的空间打通，这样做不仅将人们引向了此街区，还能增添滨水区其他地段的活力，从而带动周边区域发展（图3.7）。巴塞罗那老港的改造同样是将垂直于水岸的道路建设成为林荫大道，并延伸至水岸，不但加强了视觉上的可达性，也方便人们到达滨水区域。

图 3.7　巴黎塞纳河沿岸奥斯特里茨街区

资料来源：bbs.zhulong.com

4. 与市中心相连的高架步行道

可达性是一个关键问题，区域活力的提升与人们从城市其他地方到达此地的机会密切相关。国外绝大多数更新后的码头工业区中都有独立的步行系统，且与水面、公共空间和城市的主要功能区均有便捷的联系。这种做法是基于人车分流的理念，其所形成的完整连续的步行系统可以为人们提供通畅的路径。

人车分流是滨水工业区更新改造的一大亮点。如巴尔的摩内港区以高架的步行道将港口区与市中心相连，外来车流虽然可顺利直达滨水区，但都设置在下层高速路上，人在内部活动则采用步行方式，同时内部的步行化也使得人与自然、人与建筑、人与城市开放空间的关系更加紧密，从而增加他们在滨水工业区内部的停留时间，使他们更多地关注自然和历史遗迹，这种做法有助于该地区活力的聚集。

5. 联系滨水两岸的步行桥和轮渡

（1）步行桥。

国外多数繁荣的城市都在着力整改老港区，以适应现代人生活的需求。其中一个重要方面就是扩大、改善步行系统，因此出现了许多跨河越壑的步行桥。在伦敦，横跨泰晤士河的一处步行桥（图 3.8），使滨水两岸区域建立了联系，步行 10 分钟就可到达对岸。澳大利亚墨尔本港区的伯克街的跨越河面的步行桥不仅成为整体设计中的亮点，吸引人们驻足欣赏，而且有效地联系了港区与中心城区。

（2）轮渡。

在多数原有老港口码头城市化改造中可以发现，滨水区域一般均具有良好的景观价值，所以利用这一因素可带动城市人流的聚集，而客运码头也因人流的聚集转变成为城市机能的公共活动空间，进而促进了其周边商业发展。因此，利用码头工业区的改造契机，将老码头改造成客运码头，建立水上交通，既能促进旅游业和商业的发展，又能将滨水两岸区域连接起来，缝合分离已久的城市形态。

中国的滨水城市多为内河型城市，在水上公共交通的发展上，内河客运码头的客运功能可以转变为旅游客运，继续发挥其短途运输功能，结合城市功能定位，利用水运线路串联整个城市，形成一种特有的景观元素和交通方式。水系将不再是隔离滨水两岸区域的阻碍，而是成为联系其经济发展和生活模式的城市发展轴。

中国杭州和宁波对码头工业区的更新改造中，以美国旧金山的渔人码头（图 3.9）为标本，也规划开通了水上巴士。由于水上巴士结合了城市运输和旅游观光两种功能，各滨水城市都期望以此带动旅游业的发展，复兴水岸的活力，重新建构两岸区域的联系。

图 3.8　泰晤士河上的千禧步行桥　　　　3.9　旧金山的渔人码头

资料来源：www.google.com　　　　资料来源：www.google.com

　　城市道路网是城市空间生长的骨架，支撑着城市内各种功能型空间的分布，并将它们有机地联系在一起。原有码头工业区的单一功能决定了其内部交通与城市隔离的必然性。因此，在其更新改造中，应通过规划的控制和干预，对交通系统进行重新设计。然而，这是一项系统工程，并不是单纯地用以上几点整合方式就能够解决的，应综合考虑交通系统中的其他要素。例如 2010 年上海世博会场区规划中，就将部分旧码头改造为客运码头，并与出租车、自行车和人行通道系统以及两条靠近规划区域的轻轨连接起来，有效地建构了黄浦江两岸各种交通方式的联系。

　　现代交通的发展，是导致码头工业区衰退的因素之一。然而，任何事物都有两面性。我们应该看到现代交通手段的多样化为整合滨水工业区与城市之间关系带来的无限可能性，而某些可能性则可以创造出更富趣味性的交通空间。

3.3.2　滨水空间的联系

1. 滨水空间的公共化趋势

　　滨水快速路的阻隔直接导致了如今滨水工业区中的空间封闭问题，使各个地块之间孤立地改造，缺乏整体上的联系。如广州珠江沿岸的信义会馆，将滨水的一块空地改造为向公众开放的明辉广场。但是，这处仅有的公共空间若无法与其他的滨水区域进行联系，就只能为少数人所使用，改造效果不佳。

　　公共空间是城市物质环境不可或缺的组成要素，更是承载社会生活体现当地政治、经济、文化内涵和特征的重要场所。因此，城市滨水工业区中的滨水空间作为公共空间系统的一部分，应和其他城市公共空间产生联系并组成系统。

2. 提高可达性的公共空间联系

　　联系，就是把实体的元素进行实质性的串联。滨水工业区原有的产业、仓储和航运功能使其与城市的公共空间和公共活动相隔离。而公共空间可以作为城市形态的联系纽带，提高可达性的公共空间联系，使城市在多样的物质元素间进行交换和联系。

3. 内向空间的公共可达

　　由于历史原因，滨水工业区的空间一般具有内向封闭、可达性较差的问题。随着人们物质生活水平的提高和滨水生活的日渐回归，更新改造规划应注重为公众塑造可达性高和体现城市特色的滨水公共空间。

关于公共空间有多种定义，通常指那些提供城市居民日常生活和社会生活公共使用的室外空间，包括街道、广场、居住区户外场地、公园、体育场地等。本书所指的公共空间主要包括：广场空间、步行系统、绿化空间和滨水空间。在滨水生活日益回归的今天，滨水工业区的更新改造应综合考虑其中的滨水空间与整个城市的公共空间系统进行设计，使城市的公共生活融入其中，进而实现滨水工业区与城市系统的整合。

3.3.3 界面的分解

1. 界面对城市形态的影响

界面是空间与实体的交接面，即实体的表层。界面能够展示出物体的形状、色彩、质地、明度及其组合方式等物理特性。界面分为硬质界面和软质界面，硬质界面是由砖、石、混凝土等物质构成的界面；软质界面是由木材、绿化、水体、镜面等物质构成的界面。本书研究的是滨水工业区空间要素（如产业建筑）中的硬质界面。不同的界面组合可以形成不同的空间形态，从而反映出不同的场所特色和时代精神。

滨水工业区的空间通常是支离破碎的，且内部建筑体量大，围合感和场所感也不强。从对其内部空间的再利用角度讲，这为更新改造的功能类型提供了多种可能性；而从外部围合的空间来看，容易产生对空间的压抑感，这无疑给塑造人性化的公共空间带来了阻碍。因此，应寻找一种改变这种工业时代典型的空间尺度的方法，使其与城市其他区域形成宜人、连续的界面。

建筑界面一方面是限定空间的围合面，另一方面又是空间体量和外部形态的直观表达。单独的界面是不存在的，界面统一在建筑实体与空间的整体之中。人对由实体与空间构成的形体的感知与把握，是通过感知它们的空间边界——界面的性质而间接得到的。因此，空间边界的界面是建筑形态被人感知的最基本、最直接的表现形式。

2. 侧界面对城市形态的延续

在建筑更新中，顶面和侧界面影响着其外部的形态。顶面即屋顶面，以巴尔的摩内港区的滨水地区为例，1958年该港区是小街坊、小绿地， 1992年改造后的港区变成独立的大地块和大型建筑，失去了原有街道的尺寸，中断了历史文脉和人文文脉。而垂直的侧界面则是视觉上限定空间和围起空间的最积极的因素。因此，本书探讨的是码头工业区空间要素的侧界面改造影响城市形态的整合方法。

3. 产业建筑界面的分解

简单地讲，分解就是将整体分成部分。在这里，建筑界面的分解是指将滨水工业区中空间要素（如产业建筑、设施等）的立面尺度进行分解，通过空间规划手法使其延续城市形态和肌理。

在产业建筑的改造中，尺度更新是较为常见的手法。当将建筑的功能进行转化时，由于其新功能的要求，往往需要重新设计建筑界面，以避免尺度巨大的产业建筑给人的疏离感。因此，在对具有历史文化价值的码头工业区进行保护性再利用时，应该重视这种建筑界面对城市形态的影响。

建筑立面是组成连续界面的片断，而界面的连续性直接影响着人们对这个区域的空间感受。在滨水工业区的更新中，对建筑立面尺度进行分解已成为一道必不可少的工序。国外对于滨水的产业建筑、仓库等的改造多侧重于在这些建筑的底层架空或加建柱廊，以创造出类似于街道墙的灰空间。

在中国也有类似的做法，如上海的十六铺地区综合改造。十六铺曾经是中国和东亚地区最大的码头，也是上海最主要的客运码头之一。改造于 2007 年正式启动，老港区的功能由运输转向观光旅游。在改造项目中，规划将一栋集中的、大体量的建筑分解成三座体量小巧的独立式建筑，并与景观平台上的玻璃顶棚紧密结合。这样的设计是为了改变产业建筑的巨型尺度给人们带来的疏离感。另一方面，滨水工业区的空间通常较开阔，更新中需考虑如何将没有亲切感的空间变成尺度宜人的空间。一般的做法是将这些空间通过水平分层或在建筑中间建立空中连廊的方法来解决尺度问题。当然，也有很多改造就是利用这种巨型空间尺度的对比，以使改造后的建筑或设施成为区域的地标。

3.3.4　建筑综合体的融合

1. 建筑综合体的建设趋向

建筑综合体是指由多个使用功能不同的空间组合而成的建筑，又称综合体建筑，有单体式和组群式两种类型。单体式建筑综合休指各层之间或一层内各房间使用功能不同，组成一个既有分工又有联系的综合体。组群式建筑综合体是指在总体设计上、功能上、艺术风格上组成一个完整的建筑群，各个建筑物之间有机协调，互为补充，成为统一的综合体。

工业时代，现代主义城市规划主张功能分区和区域间的隔离，同时，现代主义建筑的典范也是功能单一、类型明确的单体建筑。而在提倡多元与混合的后工业时代，建筑价值逐渐从单一功能转向了复合功能。备受瞩目的各类城市的更新项目，在此基础上建立起了综合商业服务区、大型消费娱乐建筑群或公园（如购物中心、主题公园）等。在这些项目中，不仅工作、生活、交通、娱乐功能互相混合，购物空间与文化设施相得益彰，甚至连建筑与景观的界限也不再清晰。因此，就单体建筑而言，一个越来越显著的趋势是，建筑的规模和尺度越来越大，以至于其功能必然是包罗万象的，使其能够成为商业和文化结合的综合体。

2. 建筑与空间的融合

融合是指两个或多个不同物质连接起来成为一体的过程。滨水工业区内部空间支离破碎，难以与城市建立联系。若对其空间要素通过某种方法呈现出整体系统的形态，且其中的某些要素能够与城市空间要素建立联系，就能够实现与城市形态的整合。

凯文·林奇在《城市形态》中提到："一个适用的地方是形态和功能两者互相吻合的地方。"我们必须让空间去适应活动，才能合理而健康地使用空间。建筑是城市空间的界定因素，架构出城市空间格局。同时，建筑作为使用载体与感知对象，具有表述城市空间信息和营造场所精神的作用。因此，产业建筑的改建应不仅限于对建筑本身的改建，而是应该通过加入新的环境标准与服务设施，并结合其他空间要素，从系统的角度，使建筑及其所处的整体环境融入城市，并激活旧建筑所在地区的活力。

3. 建筑综合体的整合作用

滨水工业区中支离破碎的空间可以通过建设建筑综合体的方式进行整合，如上海十六铺地区的综合改造项目（图 3.10）。基地北接老外滩的滨江平台，南邻世博会场，周边交通便利，是城市旅游圈中的黄金地区。更新改造后，其功能转换为观光旅游，特别之处在于内部的建筑将各种功能如绿化、广场和景观小品等融为一体。十六铺地区改造项目的总占地面积为 3.04 公顷，分为地上和地下两部分。

地下部分的总建筑面积为 6.8 万平方米，主要为商业设施。地上部分为 3 栋旅游配套商业建筑，总建筑面积为 0.5 万平方米。其余部分主要包括成片的绿化景观、亲水平台及游船码头。

在地上部分，建筑的形态是一个狭长的大平台，有一条可用于观光、旅游、餐饮和栖息的宽阔步行道，步行道由 3 个不同标高的楼层有机结合而成。从地上部分，顺着坡道或电梯，能够到达位于平台下的地下空间。地下一层为水上旅游中心，地下二层的北侧是小型停车场，其余的空间以各种商业形态为主，游客在享受舒适环境的同时，也能够享受购物的愉快。地下三层作为停车场，能够满足大量停车的需求。

图 3.10　上海十六铺地区的综合改造项目

资料来源: www.baidu.com

　　景观平台上设有 3 个通往地下商业空间的下沉式广场,不但为游人提供了便捷的通道、丰富了平台景观效果,还能为地下商业空间带来自然采光和通风,并且具有过渡缓冲的作用,能有效避免繁忙交通的干扰。建筑综合体的建设是将人工环境与自然环境融为一体的过程。这种与周边环境相映生辉的效果会将原码头工业区内部破碎的空间形态转换为城市形态中的有机组成部分。

　　城市滨水工业区更新建设的实践中,通常要面对地块尺度混杂、形态不规则等问题。由于地块重划与置换机制严重缺失,所以地块边界难以协调,内部空间混乱无序。当代建筑形态在协调城市空间方面具有独特的价值。因此,在更新中应适当引入当代的建筑形态,充分挖掘建筑在空间组织中的潜力,以发挥建筑在城市形态整合方面的作用。因篇幅有限,本书仅介绍了单体式建筑综合体的融合。通过这种方式进行形态整合的码头工业区要具备如下条件:地段的规模小并且占据城市或区域的核心位置。

3.3.5 场所的转换

1. 场所对城市形态的影响

场所理论的本质在于对物质空间人文特色的理解。"空间"是有边界的或者是不同事物之间具有联系内涵的有意义的"虚体",只有当它被赋予从文化或区域环境中提炼出来的文脉意义时才成为"场所"。诺伯格·舒尔茨认为,场所与物理意义上的空间和自然环境有着本质的不同。它是人们通过与建筑环境的反复作用和复杂联系之后,在记忆和情感中所形成的特定意念,是由特定的地点、特定的建筑与特定的人群相互作用并以有意义的方式联系在一起的整体。

场所不但有实体形式,更重要的是它具有精神上的意义。诺伯格·舒尔茨认为,城市是由一系列场所组成的,每一个场所不但有实体内容,更重要的是具有自己独特的精神和特征,这些特征与城市的历史、传统、文化、民族等一系列主题密切相关,正因为有了这些特征——场所精神,场景才能成为市民喜爱的场所[9]。

城市永远没有一种完成的形态。凯文·林奇认为,城市是一个含有多重意义并不断变幻的组织,不太可能而且不希望有完全专一化的城市和最终完成的城市。城市形态是不断发展变化的,而历史是城市形态研究的一个重要维度。因此,强调历史人文特色的场所精神就是深层次的城市形态的基因[69]。

因此,与城市形态的整合,需要考虑场所这个从历史维度上的城市形态的重要影响因素。一个传承了城市的历史和文化的"空间"才能称为"场所",才能保留城市发展中的大量信息,才有可能作为遗传城市形态的基因。

2. 体现城市形态历时性的保护性再利用

保护性再利用是对产业类建筑和地段有选择地进行保护和改造。它与单纯的文物建筑保护是有区别的。文物建筑保护是以明确的方式对相对确定的对象加以保护,而保护性再利用必须同城市社会经济的发展有机结合,并在该地段乃至城市尺度上考虑相关影响要素,处理好保护与发展、保护与建设、保护与利用、保护与恢复等方面的关系。这种适当的改造可以使旧建筑或地段满足新的功能需求,从而具有更长久的生命力。

保护性再利用是有选择地对具有重要历史文化价值的产业建筑或地段的保护,对于那些不具有上述价值的产业类建筑和地段则可以采取以更新开发为主的建设方式。

在滨水工业区的更新中，虽然许多改造内容仅属于工业场景，不具备文物保护的价值，但也是一段历史记录、一种人文景观。在更新时，应该体现出对原有场所的尊重，尽可能地保留这种人文景观。在经济转型时期对滨水工业区进行保护性再利用，不但可以从很大程度上缓解城市中心的发展压力，而且可以改善城市形态，以形成有自身特色的城市生活空间。

若存在对旧产业建筑的保护性再利用，就会遇到处理新旧建筑的关系问题。处理时应该强调城市环境的场所精神的传承，用当代设计思想和技术手段重新解读城市空间文脉，而不是用风格或手法方面的模仿去限定新建筑，从而实现崭新的现代城市空间的连续性。

3. 作为延续城市形态的场所转换

转换意味着场所原型的形式变换。场所原型通过转换可以达到形式的变换，在适应环境变化的同时又大量保存原有场所的信息。转换并不意味着形态的彻底改变，旧的形态也可以为新的功能服务。城市形态相对于功能有一定的独立性，在一定的条件下，可以实现功能的转换而保留城市形态的信息。

黑川纪章的共生思想诠释了转换的含义。他认为，历史与未来的共生就是要把历史地段解构成基本组成部分，"然后再把它们自由地组合起来的方法，是信息时代的表现方式，其结果是⋯⋯在空间与空间之间、形式与形式之间安排非功能性的自由空间，会产生一种动态的、流动的、彼此相关的建筑"。[70]在这里，城市的部分是自由的，而基本组成部分之间的关系是现代的，由此而形成的城市空间也是现代的，城市空间的含义发生了变化。

在滨水工业区的更新中，场所的转换就是把其空间要素分解成一些相互独立的部分，然后把这些部分按照新的规律进行组合的过程。作为转换的整合不再把历史地段视为整体，而是把它们解构、打散，作为新结构的有效材料，让历史的基因在现代的集体中得到保存和延续，使历史的基因产生新的内涵。让丰富的历史信息为今天的功能服务，是转换的一条重要原则。转换的目的是实现滨水工业区历史与城市形态的现实之间的整合。

西方社会对衰落的滨水工业区更新的原始动机就是保护滨水区的城市文脉，保护滨水区的建筑特色，促进城市滨水区的复兴。如果我们能充分利用滨水工业区的产业类建筑，然后对其进行更新改造，以满足新的功能需要，这样就会将断裂的生活方式在某种仪式性的场所中延续下来，实现这个地段历史与城市形态的整合。

英国伦敦泰晤士河畔的泰特现代艺术博物馆，通过将衰落已久的工业场景转换为适应现代城市生活的空间，完成了对场所原型的转换，使其具有了场所的精神。国外的案例不胜枚举，国内也有类似的实践。如上海杨树浦的自来水展示馆、广东中山岐江公园（图3.11）等均成为传承城市形态基因的一部分。

图 3.11 广东中山岐江公园

资料来源：bbs.zhulong.com

城市建设技术手段不断更新的今天，在城市自身形态还来不及适应的情况下，通过场所转换的方式整合历史地段与城市形态之间的关系是非常必要的。滨水工业区作为历史地段的重要组成部分，往往承载着滨水城市最繁荣发达的历史记忆。在更新中，有选择地对其进行保护性再利用，将滨水的工业地段中融入现代的文化元素，转换为符合现代城市生活的场所，将会实现历史与未来的共生。

3.3.6 形态整合的对策

结合国内外的更新实例研究和上述总结的滨水工业区与城市形态的整合方式，分别针对滨水工业区空间分布的两种类型，即分散跨越式和集中港口式，提出滨水工业区与城市形态整合的对策。

1. 分散跨越式的形态整合

分散跨越式的滨水工业区，在其功能更新中强调滨水两岸的整体开发以加强联系，这种联系主要体现在交通形态上，通过轮渡、游船、修建步行桥或自行车道的方式来建立连接。

同时，滨水工业区特殊的仓储和运输等功能决定了其与城市其他区域分离的必然性，即现存更新中尚未解决的问题，如可达性差和空间仍然内向封闭等，因此更新时需要打通内部街区，将城市支路引进滨水区，建立视觉上的可达性，使公众能够方便快捷地到达滨水工业区域。

西方发达国家多数城市已进入后工业化成熟期的发展阶段，而中国多数城市仍然处在工业化的成熟期，国内外对于公共空间的需求程度不同，因此，通过公共空间联系的整合方式仅适用于上海等刚刚步入后工业化时代的少数城市。

2. 集中港口式的形态整合

集中港口式的滨水工业区，可以通过建立立体化的交通系统，以尽量减少汽车的使用为原则，引入大运量的公共交通设施如地铁、轻轨等，或建设立体的步行通道，如跨越快速路的地下步行通道或高架的步行廊道，使滨水工业区与城市中心的联系更加密切。若外部交通与滨水工业区不在同一基面上，还可以通过建立垂直于滨水区的林荫道来提高可达性。

在其他形态要素方面，要注重场所的转换。孤立的滨水工业区难以形成集聚效应，必须通过保护性再利用的方式，在保留工业记忆的基础上植入新的元素或活动，以形成城市触媒，提升区域活力。

3. 形态整合对策总结

针对滨水工业区的分散跨越式和集中港口式两种空间分布类型，提出相应的形态整合对策。分散跨越式的滨水工业区应采用延伸至水岸的林荫道、联系滨水两岸的步行桥和轮渡、滨水空间的联系、建筑综合体的融合和场所转换的整合方式与城市形态相融合；集中港口式的滨水工业区应采用多重立体的捷运系统、延伸至水岸的林荫道、与市中心相连的高架步行道、界面的分解、建筑综合体的融合和场所转换的整合方式与城市形态相融合。

3.4　本章小结

　　本章以立体化形态、空间渗透和形态历时性等作为更新理念，在分析国内外功能整合实例的基础上，提出了滨水工业区与城市形态整合的对策，包括：交通系统的缝合、滨水空间的联系、界面的分解、建筑综合体的融合和场所的转换 5 个方面。

　　针对分散跨越式和集中港口式的滨水工业区分别提出了相应的形态整合对策。

第4章 改造为文化类项目的案例分析

4.1 建筑的触媒作用

4.1.1 建筑类型

由于工业、产业建筑的结构状况对再利用影响很大，因此建筑空间类型的划分尤为重要。依据建筑的空间特性可把旧工业、产业建筑分为大跨型建筑、常规型建筑和特异型建筑。

1. 大跨型建筑

大跨型建筑是指单层大跨度的建筑，其支撑结构大多为巨型钢架、拱架和排架等，形成内部无柱的开敞高大空间，这类建筑常见于重工业厂房、大型仓库和火车站等。它们具有空间高大、结构牢固、可塑性强的特点。对这类旧工业、产业建筑的处理可以保留原有的开敞空间形态，而将功能改造成剧场、礼堂、商场、展厅、博物馆、美术馆等要求有高大空间的建筑；或采用化整为零的手法，根据不同的需要在水平或垂直方向上改变建筑内部空间形态，形成变化丰富的空间组合，通过空间重塑将其改造为住宅、餐厅、教室、办公楼等建筑。

2. 常规型建筑

常规型建筑是指层高较大跨型低而空间开敞宽广的建筑，大都为框架结构的多层建筑，层高多为 3.5～4 米，这类建筑常见于轻工业的多层厂房、多层仓库等。这类建筑空间灵活度相对较大，适合改造为餐厅、超市、住宅、办公楼、娱乐场所等需要层高和空间较小的建筑。改造过程中可以根据柱网的变化，在水平方向上根据功能需要灵活划分空间；在垂直方向上也可局部增减楼板，在建筑内部营建出中庭空间，打破原有的空间形态；另外，由于框架结构的特性使得这类建筑立面和屋顶的改造灵活性很大，可以形成独特的建筑形态。

3. 特异型建筑

特异型建筑是指一些具有特殊形态的构筑物，如煤气贮藏仓、贮粮仓、冷却塔等，它们往往具有反映特定功能特征的外形。由于生产功能的特殊性造成了这类建筑空间形态的特异，这种形态的特异对建筑的改造有很大的制约，但同时也为建筑的改造创作提供了无限的想象空间。这类建筑适宜改造为大小不一的建筑，如艺术中心、娱乐中心、剧场、各类工作室等，也可利用其特异的造型或已有的城市标识性将其开发成为旅游景点。

4.1.2 建筑改造与经济效益

只有经济上是合理的、不会造成重大经济损失的旧工业、产业建筑再利用才是可行的。确定某一旧工业、产业建筑的最佳功能方案，需要经过经济合理性方案的选择和综合因素的考虑两个步骤。

1. 经济合理性方案的选择

将再利用方案与推倒重建方案进行比较，确定再利用方案是否具有经济合理性。再利用的经济性受建筑自身损坏状况、造价费用、建设速度、功能等因素的影响，其合理性具体可通过以下几个步骤进行评定：

（1）估算建筑损坏情况。

把厂房分成若干个分项工程，如基础、桩、梁、墙体、楼（屋）面板、屋架等，对这些分项工程损坏程度进行评分。根据各分项工程的价值分数（造价）占总价值分数（总造价）的百分数及各分项损坏的比例，综合计算该厂房的损坏情况。即

$$厂房各部分损坏程度 = \frac{各分项工程的损坏程度（\%）}{分项价值分数占整体价值分数的百分数（\%）} \tag{4.1}$$

厂房总的损坏程度为各部分损坏程度的总和。

（2）确定建筑损坏级别。

由第（1）步得出厂房总损坏程度，确定所属损坏级别并编写评语，从而确定修复或使用何种处理方案的初步意见。

（3）再利用方案的经济性。

再利用方案的经济性应考虑它对生产暂停造成的影响，同时还不能忽视施工安装中增加的困难，如采用新建方案，应增加拆除旧厂房费用、开辟新建工程场地费用以及涉及的其他费用。

对适应性再利用方案的经济性可由公式（4.2）评定。

$$P_a+P_b+P_c \leqslant Q_1+Q_2-Q_3 \tag{4.2}$$

式中　　P_a——再利用费用；

P_b——对生产造成影响（如生产暂停或下降等）的损失费用；

P_c——再利用后的维修费用；

Q_1——新建费用；

Q_2——拆除费用；

Q_3——残余价值（拆除所得收入）费用。

如果该不等式成立，则再利用方案比新建方案要经济。

采取不同的再利用方案时，经济性也是不同的。如果不同的再利用方案同样满足公式（4.2）的话，则需要对这些方案的经济性进行计算，选择最经济的功能方案。

2. 综合因素的考虑

在对旧工业、产业建筑的新功能进行选择时，仅仅考虑某一个因素是不够的，需要多方面考虑，制定最合理的功能改造方案（表 4.1）。

表 4.1　综合因素分析表

研究层面	影响因素	各因素分析			评　价
区域层面	政策法规	政策引导　有□　　无□			政策法规具有强制性、指引性和优惠性
		条例实施　有□　　无□			
		开发公司　有□　　无□			
	生态环境	环境状况　严重破坏□　　中等破坏□			改善生态环境，树立科学发展观
		轻微破坏□　　无破坏□			
	社会发展	人的需求　功能□　环境□　特殊需求□			将人的需求与工业艺术完美结合
		艺术形式　高□　较高□　一般□　无□			
	区位条件	区位特征　中心区□　滨水□　零散□			判断土地价值、周边功能影响、交通的可达性
		邻近功能　教育□　居住□　绿地□			
		商业□　办公□　工业□			
		交通状况　畅通□　一般□　困难□			

续表 4.1

研究层面	影响因素	各因素分析	评 价
建筑层面	建筑特点	建造年代 近代 1840～1894 年□ 1895～1911 年□　1912～1936 年□ 1937～1948 年□　现代 1949～1965 年□ 1966～1977 年□　1978 年至今□	有利于发掘、认定有价值的建筑
		建筑类型 功能 ＿＿＿＿＿＿＿　结构 大跨型□ 常规型□　特异型□	建筑自身功能结构特点
		建筑文化 工业景观□ 重大事件□　工业意义□ 特定审美□	对历史文化价值进行评定
	经济效益	损坏级别 良好□ 轻微□ 中等□　较重□ 严重□ 不能使用□	对再利用方案是否具有经济效益进行评定
		经济性 推倒重建□ 再利用□	
		可选功能 高新技术产业□ 创意产业□　居住□ 商业□ 办公□　绿地□ 文化建筑□	
综合因素考虑		最佳方案确定	

4.2　创意产业的兴起

创意产业作为一个庞杂的产业由来已久，它的发展壮大一直跟随着世纪工业技术革新、社会政治变革和现代及后现代思潮的脚步。1988 年，著名经济学家罗默撰文指出，新创意会衍生出无穷的新产品、新市场和创造财富的新机会，所以新创意才是推动国家经济增长的原动力。而将其作为一种国家产业政策和战略的创意产业理念的明确提出者是英国创意产业特别工作组。1997 年，英国首相布莱尔提出了"新英国"的构想，赋予工业设计、艺术设计等领域以崇高的地位，旨在提倡、鼓励和提升它们在英国经济中文化和个人原创力的贡献度。同时，布莱尔还着手成立了英国创意产业特别工作组（Creative Industry Task Force）。创意产业自从正式在英国被正名后，于短短几年之内便迅速地为新西兰、新加坡、澳洲、中国香港及台湾等国家和地区调整和采用。与以英国为主导的"创意产业"相对应，早在 1990 年，美国国际知识产权联盟（IIPA）就提出了"版权产业"的概念，用以计算这类产业对国家整体经济的贡献。这一概念随后被沿用到澳大利亚、加拿大等国家。

4.2.1　废弃工业区改造与创意产业相结合

1. 对旧工业、产业建筑与创意产业之间的联系的解读

对旧工业、产业建筑与创意产业之间的联系的解读，可以分解为两个方面：一方面，旧工业、产业建筑，或者说工业、产业区是创意产业的物质载体。它能容纳规模化的创意产业集群，提供充足的产业配套服务，吸引更多的创意阶层入驻，其文化内涵能营造益于创意产业发展的文化氛围，拓宽创意设计的题材，对创意灵感产生积极的刺激作用。另一方面，创意产业是产业类历史地段的有机更新模式之一。它为濒临拆迁的产业类历史地段注入了复兴的希望，拓宽了更新方式的选择，恢复了产业类历史建筑的使用生命，有利于产业遗产的持续保护。它提高了产业类历史地段及周边环境的经济价值，促进了城市旧区的复苏。新潮文化的涌入与历史文化相碰撞，掀起了对产业类历史地段的历史文化反思，引起了各领域对产业文化的重视，有利于产业文化与创意文化的共同发扬壮大。

2. 旧工业、产业建筑（群）对创意产业的作用

（1）吸引作用。

旧工业园区为了工业运输的便利，以及原材料的需要，大多选择靠近河流、码头或交通要道等交通便利的地方。旧工业建筑及其园区由于原来工业生产的集约性和系统性，有连片的厂房和集中的仓库，从而使许多活动具有聚焦和便于交流的特点，能够容纳规模化的创意集群，非常符合创意产业的需求。产业结构的调整造成大部分产业类历史地段的废弃空置，与新区相比，这些地段的使用成本较低，成为吸引创意产业的又一要素。产业类历史地段及其文化环境的特殊魅力成为吸引创意工作者的文化磁场，在小范围内促成了创意阶层的高度聚集。

（2）承载作用。

较大跨度、较高层的工业、产业建筑给予创意工作者自由支配的充足空间，可以放松工作者的创意思维；大型的厂房空间也有利于各种展览、集会的开展。由于工业活动的要求，为产业类历史地段服务的交通、市政、公共服务设施级别多数都较城市其他区域高，能够满足创意产业所需的城市硬件配套。原厂区的停业状态使大量的厂区职工变成空余劳动力，方便快速构成创意产业园的服务劳动资源。

（3）催化作用。

在近年来的城市剧烈扩张后，留存的工业遗产地处相对靠近城市中心的地段，属于城市旧区。由于周边保留了传统居住环境和氛围，有深厚的文化底蕴，对最新的文化动态有着敏锐的嗅觉。这种区域性文化气质成为激发催化创意产业人员进行创作的灵感和源泉，更成为其工作环境必不可少的组成部分。

4.2.2　创意产业对旧工业、产业建筑（群）的作用

（1）重塑作用。

创意产业完善与发展了整个产业链，形成了产业集群，吸引了更多的新经济内容进入产业类历史地段。

（2）启发作用。

艺术氛围的逐渐成熟吸引了更多创意阶层的聚集，在产业类历史地段形成重组的知识人才供给，利于社区的持续发展。创意产业提供产业类历史地段保护更新的新出路，为其可持续性保护和健康合理利用提供有力的功能支持。创意产业文化的注入引起人们对产业历史文化的重新重视和思考，成为延续和发扬产业文化的新契机。

（3）提升作用。

创意产业是城市经济发展的直接推动力，它带动所在产业类历史地段的整体区位价值提升，使其成为新的区域经济、文化中心。

（4）保护作用。

由于创意产业的入驻，逐渐衰败的产业类历史建筑成为新的生产力的载体，经过艺术的再造、环境的改良，赋予其新的艺术内涵，使资源得到了充分利用，功能得到了提升和转变，价值得到了新的体现。

4.2.3　与创意产业结合的旧工业区的建筑改造模式

针对旧工业、产业建筑的现状以及创意产业发展现状，两者结合后的建筑功能会有置换调整，置换后的功能包括：创意活动功能、展示交流功能和休闲消费空间。

1. 置换为创意活动空间——创意行为的承载场所

通过设计手段，将旧工业、产业建筑空间设计为创意活动空间，原有的大空间结构使得改建后的空间更为自由灵活，更能满足不同的创意设计活动的需求。

2. 置换为展示交流空间——创意成果的展览平台

旧工业、产业建筑的大空间在空间形式上与大型展览空间布局有异曲同工之妙，经过简单的空间分割或整合，即可作为展览空间使用；同时，既有厂房的结构或者内部弃置设备等可成为展示的主角或辅助部分；厂房之间的空地，或者厂区中的大面积室外场地，也可作为展览用地。

3. 置换为休闲消费空间——创意产品的消费地点

创意产业园区需要消费空间承载设计平台的辅助性功能，同时，园区的消费空间也成为城市中新的消费场所，大批追求时尚潮流的人群会被吸引到这里。

4.2.4 空间形态的改造

当旧工业、产业建筑空间无法完全满足新功能的要求时，可通过将原空间化整为零或变零为整的手法进行空间重组，以形成适应新功能的空间组合和尺度关系。

1. 整体空间的改造

整体空间的改造包括空间的分隔、合并与扩建。

（1）空间的分隔。

为了满足新功能的要求，采用水平或垂直的划分方式将建筑内部的大空间分隔为较小的空间并加以利用，主要包括水平方向的分隔和垂直方向的分隔。

（2）空间的合并。

空间的合并是将若干个相对独立的建筑物之间采用打通、加建连廊、搭接及建筑间封顶联结等方式，将其合并为更大的、可以相互流通的连续空间。

（3）空间的扩建。

空间的扩建是指在原有建筑结构基础上，对建筑功能进行补充或扩展，包括竖向扩建和水平扩建。在扩建时，不仅要考虑扩建部分的功能使用要求，还要处理好扩建部分与旧工业、产业建筑遗存的空间及建筑形态之间的关系，使之成为一个协调统一的整体。由于扩建涉及整个建筑物结构的变化，所以在扩建前，首先要对整个建筑的结构受力体系进行分析。

① 外部增建。

美国圣安东尼美术馆是工业遗产外部增建早期的案例，为了适应美术馆空间的新运用，建筑师采用一个黑色的廊道串联面粉厂的两座建筑，使空间的运用更灵活，恰当的设计比例也让增建后的廊道与面粉厂建筑产生协调的感觉。爱尔兰的吉尼斯（Guiness）啤酒厂在顶部增加了轻巧的环形玻璃空间作为酒吧，与啤酒厂厚重的厂房形成新旧对比，这个增建不但强化了啤酒厂建筑的特色，置身其中可以俯瞰周围相对低矮的厂房，还使这栋建筑成为当地重要的新地标。法国的矿工纪念馆延续了工业厂房特有的屋顶，增建白色的框架顶棚，将部分厂房前方的空间变成室内空间，成为新建筑室内的一部分，增加了高度与室内面积，在美学方面，采取复制的方法形成了延续性山墙的意向，使用不同的颜色与原有的厂房区分隔开，增建的空间采用通透轻巧的钢架来对比厂房砖墙的厚重感，尺度相似形成韵律感。挪威的造船厂也采取类似的手法，在建筑物上部增加了钢架屋顶，让原本在厂房外部的空间变成室内空间。

② 下部增建。

工业遗产占地面积大，转变为商场后，需要大量的停车空间，除了利用原本的开放空间作为停车场外，也可利用下部增建的方式设计停车场，而不会影响建筑的外观。美国吉瑞德利广场顺应面海的地形，在广场下部做了 1～4 层的增建，在外部几乎看不到改建的痕迹，只能看见突出地面的出入口，人们可以从广场下部的停车场直接进入广场内。

③ 内部增建。

原本用来容纳生产机械设备与产品的工厂和仓库，由于空间宽大无隔间，楼层的高度也比一般建筑高，所以在移除了机械设备后，大空间内也可分隔出小空间，使用弹性较大。这种宽大的厂房非常适合内部增建，国外工业厂房再利用为商场的案例，许多都采用了大空间内加入新的空间的做法。位于德国的金属工业仓库，厂区再利用为工业博物馆，内部再利用为展示空间，设计规划了许多隔间，也增设了坡道与楼梯，还规划出一间商店与一间咖啡店，增建的手法是在仓库内置入一个新的半弧形玻璃体。

2. 局部空间的改造

工业厂房的结构相当简明，梁柱系统模数化，材料单一，格局方正，这些条件都有利于增、改建的进行。法国碧西村原为葡萄酒交易市场，1999 年重新改造，原有 42 座储酒仓库，重新改建成具有特色的店铺或餐厅，每一座都有不同的样貌，例如窗户上的开口形式因需求扩大，甚至可以将窗户的开口改建成入口。

（1）局部空间的拆除。

局部空间的拆除包括垂直加层、水平扩建和发展地下空间等。目前，中国的旧工业、产业建筑改造中运用得比较多的是垂直加层和水平扩建。具体做法包括局部墙体的拆除，局部楼板、梁、柱的拆除和局部建筑体块的拆除等。

（2）局部空间的增建。

局部空间的增建是根据新的功能和空间的要求，在原建筑的内部或外部增建新的空间。其中最常见的增建空间有：楼梯、电梯、走廊、门厅、加顶的庭院等。增建的空间可采用与原建筑相统一或相对比的风格。

（3）局部空间的重建。

为了维修原建筑在长期使用中造成的损害，对原建筑的局部进行改建或拆除后重建。由于两者的出发点不同，处理方式也不同。前者是出于建筑维护的考虑，因此偏重于结构上的加固和修缮，整体风格不变；而后者往往希望通过重建获得与原建筑有差异的立面效果。

4.3　英国利物浦阿尔伯特船坞地区

4.3.1　改造背景与目的

英国建筑历史学家柏瑞克·纽金斯（Patrick Nultgens）曾在《建筑的故事》（*The Story of Architecture*）一书中将阿尔伯特船坞誉为"工业建筑的杰作之一"，这足以看出该船坞在世界建筑历史中的重要地位。

作为一处通向爱尔兰和威尔士的港口，利物浦始建于 1207 年。由于默西河（River Mersey）潮汐起伏过大，必须在沿岸修建人工码头来确保通行船舶的安全。于是在 19 世纪初，默西河沿岸就修建了 50 多个船坞码头。1839 年船坞工程师杰西·哈特利（Jesse Hartley）提出在原有盐仓船坞（Salthouse Dock）的西侧修建一个更为先进的船坞的建议，于是在默西河上见证了利物浦 150 多年历史的阿尔伯特船坞建成了（图 4.1）。

1. 阿尔伯特船坞地区简介

阿尔伯特船坞地区（AlbertDock Area）包括坎宁船坞（Canning Dock）、阿尔伯特船坞（Albert Dock）、盐仓船坞（Salthouse Dock）、沃平港池及船坞（Wapping Basin & Dock）、公爵船坞（Duke's Dock）、坎宁半潮船坞（Canning Half Tide Dock）6 组围堰式船坞。阿尔伯特船坞地区的码头设施与仓储建筑出现在 19 世纪 40～60 年代，由于采用了非木结构承重的方式，砖石与铸铁建成的阿尔伯特船坞和仓库一起开创了防火功能的封闭式船坞的先河。同时，它也是世界上第一次使用水力液压机械开闭船坞门并吊装货物的船坞码头。

图 4.1　阿尔伯特船坞改造后的室外景观

资料来源: www.baidu.com

2. 阿尔伯特船坞的衰败

工业革命的蓬勃发展促进了商品贸易和造船技术的飞速发展。阿尔伯特船坞的设计只能满足小型帆船的入船口和泊位使用而无法停靠大型的有桨汽轮，再加上有局限性的外部空间和无法扩充的仓库容量，使得船坞经营在 1890 年开始逐渐走下坡路。在接下来的 30 年，仓库贸易锐减。到了 1920 年，几乎没有商业船舶进驻阿尔伯特船坞，而仓库也只是用于储存公路铁路运输的货物。尽管第二次世界大战期间，船坞曾被用作停放在大西洋战役中基地护卫舰的停泊港湾，但疏浚费用的增加，使用功能的下降让船坞更无利可图。1972年，船坞被彻底废弃。

3. 英国对工业建筑遗产保护观念的产生

英国是工业革命的发源地，有着众多的工业建筑和大量的码头仓储区，它们是英国城市环境中最重要的组成部分，因此这些区域在第二次世界大战后衰败乃至废弃，也成为帝国衰败最直接的象征。英国从 1950 年开始正式实行"登录建筑"制度（Listed Buildings），主要以历史年代久远和建筑学价值为判定标准，但是仍然有许多重要的历史建筑因大规模的城市重建运动被拆除。在这个过程中，原先被视作并不重要的维多利亚时期（Victoria Period）的建筑逐渐受到建筑史研究和遗产保护人士的重视。活跃的建筑保护人士贝杰明、佩伏斯纳等于 1958 年成立了"维多利亚协会"(Victorian Society)。随着建筑环境整体保护意识的发展，1967 年英国通过了《城市文明法案》(*Civic Amenities Act*)，提出设定"保护区"(Conservation Area)来保护有特殊建筑艺术价值和历史特征的地区。与"登录建筑"不同，"保护区"的指定工作一般由地方政府进行。1974 年开始，"保护区"内"非登录"建筑的拆除也需要取得特殊的许可。英国的老船坞码头仓库分布广、数量多、环境差，对它们的再开发成为英国城市复兴运动中最核心、最关键的部分。

4.3.2　改造过程、主体与资金来源

1. 衰败停滞期（1952～1971 年）

基于阿尔伯特船坞在利物浦城市发展中的贡献以及杰出的建筑水准，1950 年建筑登录工作伊始，阿尔伯特船坞的遗产身份就很快得到了认定。A～E 仓库群在 1952 年成为最高级别（Ⅰ级）的"登录建筑"，利物浦大学建筑学院也在 1960 年对船坞的建筑结构进行了测绘，但由于航运业的萧条与利物浦市政府的经济大规模衰退，对于在战争中被炸毁的阿尔伯特船坞 A 区的屋顶层和北墙，一直都没有修复。

与当时遗产保护人士和建筑史学者对工业建筑遗产的认识相反，阿尔伯特船坞的业主默西船坞码头管理局（Mersey Docks and Harbour Board，MDHB）因连年亏损基本放弃了这组历史建筑，任其衰落，只想着将船坞整体拆除，然后将土地出售。

管理局为此积极地与地产公司沟通，讨论各种开发计划。最初的一轮计划是在 1969 年，以 Oldham Estate 地产公司为合作方，提出将这一地区开发为"迷你城"(Mini City)，一个集办公、旅馆、餐厅、酒吧、地下停车等综合功能为一体的大型项目。这一规划方案遭遇了遗产保护人士大规模的反对浪潮，因而没有得到利物浦政府的批准。然而管理局并没有放弃拆除船坞的决心，与 Oldham Estate 合作又提出了第二轮开发量较小的"滨水城"(Aquarius City)计划，其中包括一座 44 层高的摩天楼，同样也遭到大规模反对。1971 年，码头管理局本身的财务状况几近破产，该计划最终流产，Oldham Estate 也终止了投资意向。

2. 实践尝试期（1972～1980 年）

1972 年，南码头地区中的船坞全面关闭，之后各方提出了关于阿尔伯特船坞的多种计划，这些计划中较为成熟可行的是将其改造为利物浦工学院（Liverpool Polytechnic），但也没有获得批准。1974 年，默西塞德郡议会（Merseyside County Council，MCC）成立，这是一个超越原有地方政府利益之争、协调默西河流域各城区关系的更高级别机构，宣布

将南码头船坞的再开发计划列为最重要的议程，并通过与船坞局的长期协商，于 1979 年达成协议。郡议会与另一家地产公司 Gerald Zisman Associates（GZA）集团着手新一轮开发设计。

3. 保护再生期（1981～1998 年）

1981 年 1 月，GZA 集团的改造方案计划填埋阿尔伯特船坞和盐仓船坞中的水面，用以作为展览场地和停车场，并申请登录建筑改造许可（Listed Building Consent）。众多建筑保护团体反对填坞计划，发起了公开听证会以反对 GZA 集团发展计划的继续推进，国务大臣拒绝发放改造许可。GZA 集团也因无法筹集到足够的资金，因此在年底最终失去了优先开发权。

1981 年 3 月成立的默西赛德郡城市发展公司（Merseyside Development Corporation，MDC）正是这一时代背景的产物，其开发管理范围包括默西河东岸的利物浦南码头地区和西岸的威拉尔（Wirral）市的码头地区。通过资产交托令，MDC 从港口管理局建成之初就得到南码头地区的全部土地，率先开始了这一地区的再生计划，其中阿尔伯特船坞保护区的修缮与再利用则作为旗舰项目，被视为利物浦城市再生的新起点。1982 年 5 月，MDC 正式得到了阿尔伯特、坎宁、盐仓船坞地区完全的产权，阿尔伯特船坞保护区的再生终于在 MDC 的推动下迅速有了实质性的进展。

此外，MDC 公司确定以文化主题作为船坞开发的思路：一方面，利物浦市议会与 MDC 将航海博物馆从之前的馆址迁入阿尔伯特船坞中；另一方面，MDC 与泰特艺术集团积极洽谈开设艺术馆的可行性，最终成立了泰特利物浦分馆（Tate Liverpool），由著名的建筑师斯特林（James Sterling）进行改造设计。

阿尔伯特船坞的文化旅游功能随着"披头士乐队故事"纪念馆（Beatles Story Museum）（1990 年）及泰特利物浦美术馆的对外开放（1992 年）逐渐确立。虽然与城市中心的交通被船坞特有的围墙所阻隔，可达性欠佳，但阿尔伯特船坞的衰败印象已经完全改观。此外，格林纳达电视台（Granada TV）入驻船坞后，电视台每天的户外天气播报的位置就在船坞内部，这也大大促进了阿尔伯特船坞的形象营销。

1998 年，泰特利物浦分馆二期扩建完成。MDC 也正式完成使命，于同年解散。至此，MDC 累计创造了 22 155 个就业岗位，吸引了 6.98 亿英镑的私人资金。

4. 再生促进期（1999～2008 年）

此后，阿尔伯特船坞继续得到精心修缮，并不断调整内部功能，以符合其文化旅游休闲综合体的定位。至 2003 年，其全部空间得到了再利用，底层功能以纪念品零售、餐饮、酒吧为主，除几家已有的大型文化设施（泰特利物浦分馆、航海博物馆）外，又增加了国际奴隶制度博物馆（International Slavery Museum），二层则为办公和两家标准不同的酒店。

2007 年，阿尔伯特船坞管理公司又开始新一轮功能调整，将餐饮、酒吧的比例增加，以区别其他市中心以零售为主的功能定位。随着遗产保护意识的增长，2003 年利物浦市政府将阿尔伯特船坞保护范围从原先的 3 个船坞地块（坎宁、阿尔伯特、盐仓船坞）扩大为包含公爵船坞和沃平船坞的新保护区范围。此次扩大的目的是利物浦为了将其历史船坞系统与商业中心地区等 6 个主要历史街区一起申报世界文化遗产地。

4.3.3　改造方案

改造后的船坞区按功能大致分成 3 个区域：外部展示空间区（坎宁 1 号码头和 2 号码头区）、内部展示空间区（阿尔伯特船坞仓库区）、功能转换区（改变功能的单体建筑）。

1. 外部展示空间区：坎宁 1 号码头和 2 号码头区

为了给船只这种庞大的展品以充足的展示空间，也为了满足人们进一步探访历史的需求，船坞开发者将坎宁 1 号码头和 2 号码头区塑造成了一个室外展示空间。在这里，1953 年的"Edmund Gardner"号停泊在 1 号码头，"De Wadden"号停靠在 2 号码头。

码头护墙上，三道花岗岩滚边围绕的方石阶梯成了展示护栏。人们不仅可以近距离欣赏这些"历史参与者"，更可以触摸历史留下的岁月痕迹。码头空地上保存的用于加热焦油的锅炉和用于牵动船只的绞盘，也成了这个户外展厅主题鲜明的雕塑作品。

2. 内部展示空间区：阿尔伯特船坞仓库区

阿尔伯特船坞仓库区以内部空间的形式传承了利物浦与阿尔伯特船坞的历史，人们可以通过图片、文字、模型等来感受时空变迁。但是单纯的仓储功能已经发生变化，复合功能使社会、文化、经济、休闲娱乐融为一体。商铺、咖啡屋让人们徜徉其间，倍感舒适惬意，也为将来进一步的经济发展奠定了基础。船坞本身延续了原来的部分功能，被用来停靠游艇。部分船坞水域尚闲置，有待于开发。

仓库被码头护墙围合，平面呈矩形，参差排列，根据功能的不同划分成 5 个组成部分：A 区为大西洋馆，B 区为披头士纪念馆，C 区为泰特利物浦美术馆，D 区为默西河海事博物馆，E 区为爱德华馆。

仓库顶部铸铁屋架覆盖大面积张力铁片，女儿墙伸出屋顶轮廓线。墙体上四种材料相映成趣，下部为大块的苏格兰花岗岩、中部由利物浦北部沿岸黏土烧制而成的红砖以及红色砂岩制成的隔石和拱石组成，细部处理采用防水灰浆。立面二至五层设有整齐的玻璃铁窗，与拱券一起，曲曲直直，密密疏疏，富有韵律。仓库底层充斥着希腊陶立克式的直径为 3.8 米、高 4.5 米的铸铁柱，红色的柱身与墙体呼应，它们三个或四个一组，间隔承担着二层的拱券，或者与内圈的铁柱构成围绕船坞的柱廊，柱廊间还偶有保留在原处的部分液压机械（扣栓、液压臂等）。

3. 功能转换区：改变功能的单体建筑

船坞内多座单体建筑的主要功能发生了变化，拥有标志性的陶立克铁柱门廊和砂石横饰带的原交通管理处现已成为英国最大的独立电视公司之一的格林纳达电视台（Granada TV）西北地区新闻工作室。曾经的船坞液压泵站改造为泵站旅馆和酒吧，高耸的烟囱、简洁的山墙、柱状塔楼仍然保留，领航楼和打捞棚改造为利物浦生活博物馆。

以旅游为主要开发目标的阿尔伯特船坞保护区，相应的配套设施诸如停车场、洗手间、休息长椅、标示牌、配电房等均合理地安排在主要功能区的周边，确保在人车分流的同时避免观赏路径与服务路径冲突，强调以人作为主体的主观能动性，处处体现人文关怀。

4.3.4 改造结果评价

利物浦成功地将城市复兴定位于工业文明时代的城市文化，这种城市文化存在于港口兴衰的海事文化中，成功经验包括：

（1）转变观念，定位城市文化，重塑城市性格。城市历史文化作用于船坞的保护与再开发，抓住城市文化的概念研究历史建筑新时期的新功能，是历史建筑的有效保护策略。

（2）整体保护，融合船坞环境，保护旧工业、产业建筑。孤立地保护旧工业、产业建筑容易造成历史场所精神的流失，文化不仅存在于建筑单体，也存在于整体环境中。阿尔伯特船坞正是抓住了默西河赋予的得天独厚的滨水优势，将滨水的船坞群和仓库区整体保护下来。

（3）积极更新，保护与利用并举，倡导复合型开发。船坞保留了大部分历史建筑，增添了一些现代气息的材料和结构，达到了新旧建筑的有机融合。在保留建筑结构的前提下，将其功能进行更新与改善，引入社会、文化、经济、休闲娱乐等复合型的功能，打造富有活力的船坞区。

（4）科学规划，统一管理，综合配套。整个阿尔伯特地区的再开发都是在默西河开发委员会的全局指挥下展开的，经过开发者对功能、交通等要素进行的一系列可行性分析后最终形成。

4.4 美国芝加哥海军码头

早期工业化时期，由于对环境污染认识不够，不少国家的工业发展都给当地生态环境造成了很大破坏。随着时代进步和社会发展，人们逐渐认识到良好生态环境的重要性，学者们也开始研究如何在不破坏生态环境的前提下，促进经济发展以及恢复已遭破坏的生态环境等问题。因此，许多优秀的工业遗产保护与再利用的案例在这种背景下在欧洲等地如雨后春笋般地多了起来，如英国的卡迪夫码头区开发、温哥华的格兰维尔工业岛开发、瑞士的苏黎世发电厂改造再利用、西雅图的煤气厂整治改造开发、美国芝加哥海军码头区开发等。下面以美国芝加哥海军码头为例，介绍国外的工业遗产改造项目。

4.4.1 项目背景

芝加哥位于美国中西部，依属伊利诺州，东临密歇根湖。芝加哥及其郊区组成的大芝加哥地区，是美国仅次于纽约和洛杉矶的第三大都市区。芝加哥地处北美大陆的中心地带，是美国最重要的铁路、航空枢纽，同时也是美国主要的金融、文化、制造业、期货和商品交易中心之一。自 1833 年建市以来，经过 180 多年的发展，逐渐成为具有世界影响力的大都市之一。

海军码头原名市政码头，是当时世界上最大的码头，也一直是芝加哥的地标。该码头建成于 1916 年 7 月，1927 年为纪念该码头曾服务于海军（第一次世界大战时作为海军基地）而重新命名为海军码头。在第一次世界大战期间，此处曾被暂时作为军用领地。进入 20 世纪 30 年代，由于汽车的发展，码头功能逐渐衰退。第二次世界大战期间，这里曾作为训练海军及集会的广场，也曾是伊利诺伊大学最初的临时校址，1970 年被关闭。

随后的几十年间，此码头处于沉寂状态。海军码头从最初定义的公共活动空间到世界大战时的军用码头，再到工业化时期的货运码头，其发展历史代表了芝加哥滨水地区的规划与发展历程。所以，对于这样一个见证当地历史的遗迹，如何再次唤起沉寂码头的活力，成了芝加哥政府的主要课题。

自 1960 年以来，芝加哥政府一直致力于海军码头的复兴规划研究，以期将它发展成为城市的旅游、文化、娱乐中心。1976 年，以美国建国 200 周年为契机，码头的一部分开始进行再开发，同时引入了贸易展示等功能。1989 年，在伊利诺州政府、芝加哥市政府一致同意下成立了大都会码头与展览局，专门负责经营、开发、管理海军码头与麦高梅克展览馆，海军码头的重建开发才正式进入轨道。到 1989 年芝加哥政府共投资了 15 亿美元来重新修建改造码头。

4.4.2　改造设计

1. 改造目的

政府将设计的任务交给设计事务所，要求设计的目的是加强水、土地、自然、城市、文化、公民的空间和基础设施之间的连接。项目提案必须尊重码头的历史，将重新定义芝加哥滨水区的性质，探讨什么是象征城市的码头和海滨，并且创建一个面向 21 世纪的新的海军码头。

2. 改造理念

设计提案在码头上开辟更多公共的非商业空间，将码头变成了一座滨水商业观光中心和一个多样性的主题公园。设计中注重人与人之间的联系，并试图在码头上创造出一种愉悦的社会体验。整体设计以简约绿色的南部码头漫步道为基调展开，漫步道连接码头与城市中的滨湖大道，将一系列主题空间串联起来，每个空间都有独特之处。该设计丰富了码头上不同类型游客的游览体验，并且将码头打造成芝加哥新一代具有纪念意义的、真正的可持续发展空间。

然而设计者面临的挑战是，如何创造出富有特色的、有条不紊并且富有韵律的空间？他们为解决场地之间的连通性、处理过渡空间、创造空间的身份认同感和建立私密空间提供了不同的解决办法，而这些办法的共性是使它们都与水产生关联。设计者在概念规划的阶段提出了 5 条重建的基本原则：希望突出"水"的主题；为公众提供具有观赏性的滨水区域；改造不仅面向区域内的公众，还要吸引外来游客；将公共空间打造成为包括普通市民、企业家、艺术家及不同机构、组织交流的共享平台。

为了使码头跟城市联系得更加紧密，设计师对城市设计提出了以下几方面的建议：

（1）延伸伊利诺大街，形成独特的滨水步行道，以加强海军码头与市中心的联系。

（2）将码头划分成一系列每个约 90 米长的街区，形成城市方格网街区的格局。

（3）重点处理 3 个主要的公共空间，即入口广场、终端广场和中部的水晶宫。

（4）结合芝加哥河河口地带做好综合性的水环境规划，同时应与陆地环境规划协调一致，即将水、陆同时列入设计内容。

（5）南部面临阳光地带和广阔的湖面作为码头所有公共活动设施的主要立面。统一设计滨水步行道，规划服务区区域，如停车场出入口等。

4.4.3　改造结果评价

设计师根据海军码头发展局的要求进行了码头的改造。改建后的海军码头全长 960 米，占地约 20 万平方米，由家庭馆、水晶宫、公园和节日大厅组成。家庭馆和水晶宫位于码头入口处，包含芝加哥儿童博物馆、可放映大型立体电影的影剧院、充满娱乐性的零售商店和餐馆等。公园内有 4 415 米高的大型观览车、直径 6 米的旋转木马、冬季可改为滑冰场的水池和 1 500 座室外剧场。节日大厅拥有 11 581 万平方米的展示空间和 4 460 平方米的会议室。这一重新改建的海军码头聚集了娱乐、购物、公园、餐饮、展示等多种功能，每年吸引着约 400 万的来访者（图 4.2）。

图 4.2　芝加哥海军码头鸟瞰图

资料来源：bbs.zhulong.com

码头被看成城区间连接的社会纽带，设计师在南部码头建造了一条漫步路，与城市西部密歇根大道沿线的文化长廊相连。这条廊道种植有不同种类的植物、精心设计的室外陈设、照明系统及艺术品，计划在城区和密歇根湖之间创造一个具有吸引力的休闲空间。一条长长的步行道从城市之中延伸至水边（图 4.3），沿路结合艺术品、步行者、骑行者以及多种不同用途打造了一系列公共空间。

图 4.3　滨海步行道实景图

资料来源：bbs.zhulong.com

　　盖特威公园是进入码头的入口（图 4.4），这里可以举办大型的节日庆典、赛事、演出、文化活动、公共艺术展览等，同时具备其他社会功能。公园中包括一个广场、盖特威大草坪和一条漫步道，这些设计都引导并改变了人们的游览路线，使人们乐于参与并享受其中。道路的铺设、路旁的陈设、植栽和喷泉等活跃了场地的气氛，同时引导着人们的游览方向。

图 4.4　入口处的古老标志性建筑

资料来源：bbs.zhulong.com

改造后，迷人的公共空间、大量形态各异的座椅、现代的建筑风格、极佳的水面空间、清晰的标识系统、丰富的娱乐设施以及四季不同的开花植物等，这些元素聚集在一起，不仅将芝加哥海军码头打造成了一个世界级的优质景观，而且使它成为芝加哥人每日生活中真实存在的、不可分割的文化和娱乐中心。

4.5　加拿大格兰威尔岛更新改造

4.5.1　格兰威尔岛背景介绍

更新改造之后的格兰威尔岛（Granville Island）充满了艺术气息，不仅是本地居民购物游玩的好去处，也是最受游客喜爱的必游景点之一（图 4.5）。无论是去艺术长廊观看艺术品的制作，到公众市场购物，还是在儿童水上乐园享受清凉的童趣，或是在露天公园的长椅上小坐，观看一两场街头艺人的精彩表演，均可感受到那份优游自在的悠闲心境。

图 4.5　更新改造后的格兰威尔岛

资料来源：bbs.zhulong.com

1. 地理位置

格兰威尔岛位于加拿大温哥华市佛斯河（False Creek）流域南岸，是一个三面环水的半岛，与温哥华市中心隔水相望，占地面积 14.2 公顷。

该岛一端与市区相连，河对岸是温哥华商业中心区，岛的上空有连接市区和商业中心区的大桥跨过，因此与市中心有便利的交通联系。

2. 历史演变

历史上的佛斯河流域曾经是一个富庶的潮汐盆地，森林茂盛，物种繁多。约一个半世纪以前，印第安人为捕鱼之便在此建立村庄，成为今天格兰威尔岛的前身。1858 年，英国海军进入佛斯河流域，着手在其西北部的土地上建设温哥华市。此后的 40 年时间里，这片宽阔的潮汐盆地发生了巨大变化，大片原始森林遭到毁灭性开发，河流两岸布满了锯木厂。在经历了 1886 年的大火之后，随着圣·格兰威尔桥在 1889 年的落成，河流两岸之间的联系得到改善，温哥华的城市重心开始向佛斯河南岸转移。

20 世纪初，为了满足工业发展对土地的巨大需求，1915 年加拿大国家港口委员会决定在佛斯河南岸的沙地上建设"工业岛"，并于 1917 年将其正式命名为格兰威尔岛。新开发的工业用地吸引了温哥华最大的制造企业，到 20 世纪 20 年代，格兰威尔岛已发展成为温哥华市的工业中心。在经历了第二次世界大战期间的繁荣后，格兰威尔岛的经济发展却因火灾、供水等一系列问题而陷入困境，传统企业逐渐从岛上撤离转向城市郊区发展，以寻求更充分的土地资源和更便利的公路交通条件，留在岛上的企业也将发展重心转向别处，仅将这里作为分支机构，直到 20 世纪 60 年代，这里已完全沦落成为城市衰败区。

4.5.2 格兰威尔岛更新与改造

1. 功能转变与分布

格兰威尔岛更新改造项目的规划设计由温哥华豪森·拜克建筑师事务所主持。城市设计师豪森提出了建设"城市公园"的设想，即将格兰威尔岛传统的工业生产功能与现代的商业和文化功能相结合。为了保证格兰威尔岛这一城市公园的活力，从工厂到餐厅、旅馆，从手工作坊到学校、剧院，从市政服务到行政办公，这里几乎容纳了城市所应有的全部基本功能。

格兰威尔岛从没落的传统工业区转变为功能完善，集各类工业、商业、服务、文化、艺术、教育等功能为一体的现代城市社区中心（图 4.6），其中以集贸市场、家庭手工业、工艺业最为突出。整个规划分为 4 个功能区。码头旁保留了原有的工业区，面对海港，有利于贸易往来；商业性建筑沿着大桥设置，有利于促进商业的发展。

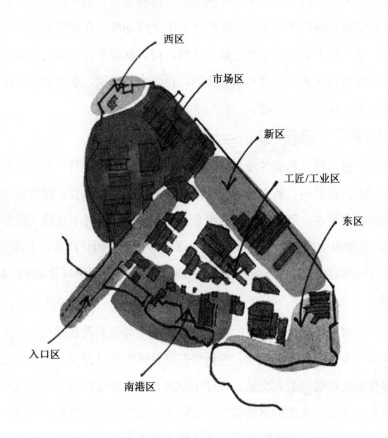

图 4.6　改造后的格兰威尔岛功能分区

资料来源：bbs.zhulong.com

2. 建筑风格

规划设计方面的匠心独运，首先表现在建筑风格上的和谐与统一。为了尊重格兰威尔岛的历史延续性，规划师们在进行更新改造规划设计时，不仅保留了相当数量的原有工业建筑，而且在新的建设中有意识地增添和强化了工业建筑的特点，例如多数建筑物临水布局，建筑本身采用锡铁或拉毛水泥墙面，部分起重设备被保留在建筑内外，原有的铁道路轨被镶嵌在柏油路面里，轮船的叶轮和工业设备的部件经处理后被用作小品装饰等。于是，传统的工业特色被保留下来，并与现代的商业和文化活动有机地融合在一起。

3. 对环境的营造

对环境的营造表现在环境设计上的整体性和系统性。例如，在街道上增加了连续的钢管和木柱等新内容，形成完整的道路硬件体系，分隔出公共空间与半公共空间。高架的钢管、建筑的雨棚与沿街装饰物等被刷成不同的颜色，反映建筑物的不同功能，绿色代表娱乐，红色代表商业零售，黄色代表生产，蓝色代表水上活动等，在视觉上将整个小岛联系在一起，当从格兰威尔桥上俯瞰整个格兰威尔岛时，可以获得十分丰富的景观效果。设计中特别突出亲水的特点，从水上住宅和水上旅馆，再到水上公园、水上平台以及各种水上体育活动，使水成为贯穿全岛的主题。

4. 经营模式与管理

在经营管理上，格兰威尔岛的各项事业以"自负盈亏、独立经营"为基本原则，采取市场化管理方式，由公共机构、私人机构和非营利机构共同组织运行。经营管理所需各种资金不是依靠政府财政划拨，而是完全取自租金和停车费用。这样不仅给予各管理机构足够的经营自主权，充分调动其积极性，同时也避免了因经营不善而使政府背上沉重的经济负担的现象，信托公司的监督作用在一定程度上有效避免了经营过程中可能出现的腐败现象。

5. 交通体系

在交通规划中，对多样化交通模式的重视是格兰威尔岛更新改造规划的一大特点。面对出行方式以私人汽车为主的交通现状，规划师们仍然试图通过提供一个多功能的交通体系，鼓励人们尽可能选择包括公共交通、自行车交通、轮渡交通以及步行交通在内的多种出行方式，以避免岛上出现交通拥挤的状况。实际上，便利的公共汽车和轮渡，以及环境优美、自成体系的步行系统，确实吸引了不少人放弃私人汽车，从而在一定程度上缓解了岛上的交通压力。

6. 开发建设与资金来源

在开发建设中，格兰威尔岛的更新改造不完全依赖于私人开发，而是以政府为开发主体（其投资份额超过投资总额的一半），由政府指定公共机构与其他相关的私人机构和非营利机构通力合作，共同完成，从而避免了在城市更新过程中经常出现的私人开发商为追求最大利润而损害当地公众利益的弊端，保证了当地居民继续使用这一城市空间的正当权益，这也是格兰威尔岛之所以能够被建设成以服务于居民为目的的城市公园，而不是以创造利润为目的的商业中心的一个重要原因。同时，以政府为开发主体的机制还可以保证充分利用政府在政策方面提供的各种支持，促进开发的顺利实施。

4.6　法国南特岛复兴项目

4.6.1　城市概况

南特是法国第六大城市，位于法国西部爱特河和卢瓦尔河的交汇处，是近现代法国重要的造船基地，其悠久的船舶制造机港口运输历史可追溯到古希腊时期。18~19 世纪，在工业迅速发展和城市整体扩张的背景下，南特岛的造船业和仓库业繁荣昌盛。后来，随着城市的港口功能被位于卢瓦尔河入海口的圣纳泽尔市取代，南特岛的造船业逐渐衰退，经过百年沧桑，留下了珍贵的工业遗产。

4.6.2　项目发展过程与规划特征

1. 项目发展过程

1987 年，Dubigeon 船厂倒闭，同年，南特岛复兴项目正式启动。1987~2002 年间，政府组织了多组团队开展项目研究和前期准备工作，主要包括确定复兴的总体目标及分析各地块可能的功能和容纳的活动等。2000 年，规划设计招标结束，确定负责岛屿规划的设计团队后，政府又在 2001 年成立了专门机构继续负责组织项目的后续研究和方案的深化。

2. 项目规划特征

南特岛复兴项目的总体目标是要通过全方位的改造达到社会、经济、文化和环境的全面复兴，对于作为其重要组成部分的工业遗产而言，要充分挖掘其物质空间和文化资本双重价值。因为实现复兴目标所进行的各种改变会对工业遗产的真实性产生不同程度的损害，因此，复兴项目对工业遗产的保护和开发提出了"尊重与改变"并重的理念。

（1）功能重新定位。

根据复兴的整体目标，结合各区域特征重新定位功能，强调功能的多样性和复合性。

造船厂区域：结合区域内大量的工业遗产，引入新的创意产业和大型文化景观，使其成为南特岛集日常休闲、节日集会、观光旅游于一体的文化艺术活动中心区；结合"岛屿计划"改造为机械巨象陈列区、机械艺术馆、咖啡厅及制造工厂等的南特造船厂；改造为当代艺术馆、餐馆、酒吧和夜总会的香蕉仓库；由工业遗产场地改造的 13 公顷的滨江公共活动场所。

密特朗码头及阿尔斯通（ALSTOM）区域：将其打造成集文化、居住、办公、工业等功能于一身的复合区，以容纳新增的文化设施和新型产业，满足各类人群的居住需求。

（2）滨水公共空间改造。

通过改造，强化区域文脉特征，改善生态环境，增强区域活力和吸引力。在中心岛西侧将水系重新引入岛屿，构成中心岛西部的景观中心，同时也作为造船厂文脉的延续，强化城市归属感。加强工业滨水公共空间的多样性、亲水性、连续性和生态性，引入新的文化活动及城市景观。

（3）其他规划要求。

为尽可能减少改造和再利用对工业遗产真实性的损害，在规划上要求：

① 避免大规模拆建，尽量利用场地现有资源，新的建设主要采用植入的方式。

② 对尚不确定的区域建筑，通常先放置或留白，不急于拆除或为追求风貌完整而盲目改动。

4.6.3 规划管理

（1）资金来源。

复兴项目的资金投入主要依靠地方政府和私人投资。政府掌握较为集中的权力，可以充分利用手中的政治、法律、行政方面的权力和税收等经济杠杆，从总体上对项目的更新进行控制，并采取一系列吸引和激励措施促进私人资本参与到项目中来，形成以政府为主导，私人资本参与的模式。

（2）相关法规。

从立法上看，法国并没有为工业遗产保护单独立法，保护不同价值遗产的思想体现在不同的法律中，具有完善的保护体系。实行中央集中管理的保护制度，在文化部普查局下设有工业遗产保护小组专门负责保护管理。

（3）历史遗存的调查评估。

在规划设计阶段，首先进行地面固定物的详细调查，并形成调查报告。将建筑的现状区位、地形环境及现有建筑情况的评价作为新项目的工作基础，相关管理部门在此基础上列出具有历史价值的建筑分布清单。

（4）多方人员的共同决策及分期实施。

为尽可能达到全面复兴的目标，并尽量减少决策失误，项目决策团队的成员构成范围较广，有规划师、建筑师、景观师、艺术家、经济政治学家和当地居民等。他们根据研究的进展及资金等情况，结合动态、可变的保护规划，制订分期实施的项目建设计划。

（5）协作的团队。

前期研究工作完成后，1999 年政府组织了保护规划的公开竞标，寻求负责完成项目的工作小组。2000 年，景观建筑大师 Alexandre Chemetcff/Jean-Louis Berthomieu 团队的设计方案中标。该工作小组从前期调研分析阶段介入，除根据变化不断调整保护规划总图外，还负责组织具体项目的招投标、实施和建成质量的控制，直至项目最终完成。

4.6.4　案例介绍

1. "岛屿机械" ——南特岛造船厂改造项目

结合造船厂区域的整体定位，2005 年，在景观设计师 Francois Delaroziere 和 Pierre Orefice 的建议下，南特岛启动了一个名为"岛屿机械"的项目。该项目不仅塑造了新的城市地标，吸引了大量市民和游客，其引入的顶尖创意机构还带动了周边休闲、娱乐、文化等相关产业的发展，极大地激发了区域的经济活力。与该项目紧密结合的造船厂改造不仅保留了工业建筑的主要特征，其文化内涵也得以延续和发展。

（1）设计创意与历史文脉相结合，传承与发展独特的城市文化。

南特岛曾是法国著名的造船业基地和重要港口，岛上存留的工业遗迹随处可见，而"岛屿机械"项目恰好融合并延续了其工业制造的文化和特点。此外，南特岛也是著名科幻小说作家儒勒·凡尔纳（Jules Verne）的故乡，"岛屿机械"中充满机器大生产时代特征和想象力的形象，让人自然地将其与凡尔纳的作品联系起来。"岛屿机械"的主要功能与南特造船厂的原有功能和空间高度匹配，减少了对造船厂的改造，维持了其主要的工业特征。新的标志与老的区域对话，相得益彰，真正起到了保护和延续城市文化的作用。

（2）改造保留了原有的可识别性，塑造具有吸引力的城市公共活动空间。

新的艺术工作室是一个集生产、展示、体验、休闲于一体的创意空间，结合新功能，设计师对现有空间进行了重新划分和空间组织。

首层包括机械巨象陈列区、机械艺术馆、咖啡厅及制造工厂，二层设有制造现场参观平台及厂房改造影响展示区。厂房内部插入的新功能体采用明显区别于历史部分的形式和材料。除机械制造区、展示区外，造船厂原外表面的围护结构被完全拆除，以增加建筑的公共性和开放性，使人们可以自由地进入建筑，并方便巨型装置进出。同时，建筑的入口墙面还进行了色彩处理，增加了建筑的吸引力。

2. 滨水公共空间的重塑

除南特造船厂改造项目，造船厂区域中面向卢瓦尔河的 13 公顷大型工业滨水公共地带的打造是复兴项目的另一个重点，从造船厂前区一直延伸至岛屿最西边的香蕉仓库。

（1）保留重要工业要素，满足新功能，创造新景观。

除厂房、仓库外，遗留的作业场地、设备和构筑物等也是构成该区域环境特征的重要因素。在滨水空间的重塑中，设计师充分保留重要的工业要素，并将其有机地融入新的设计之中。长达 100 多米的船台曾是每个船厂工人的骄傲，它们承载了场地及船舶制造深厚的历史记忆。同时，这些船台成为场地内独特的景观要素和场地的天然分界，良好的亲水性也成为场地改造的重要资源。其中，2 号、3 号船台保存较为完整，设计师顺应其从水面逐渐升起的趋势，将其定位为一个面向卢瓦尔河及场地、拥有开敞视野的观景台，另外3 个破败的船台改造后作为种植的平台，将绿化从场地引向河岸。

此外，巨型设备也具有特殊的景观价值。2 号、3 号造船台处的轻型起重机及西端威尔逊（Wilson）码头的重型起重机均被完好保留，作为场地标志。其他零散的工业遗迹，如活动吊车、局部铁轨等或直接保留，或结合新材料设计成为唤醒场地记忆的景观小品和设施。

（2）生态恢复和环保教育。

滨河居住区的部分室外活动空间利用的是废弃的工业用地，而用于工业生产的土壤在一定程度上被污染过，不能直接接触。设计师一方面通过保留原有场地植被和引入新的植被，逐渐过滤吸收土壤中的污染物质；另一方面，在被污染的土地上架设一个新面层，为人们创造可供使用的室外活动空间，地面面层采用金属网，以便更直观地看到下部污染的土地，再结合指示牌说明，增强居民对工业污染的认识，并进行环保教育（图 4.7）。

图 4.7　法国南特岛改造后的室外景观

资料来源：bbs.zhulong.com

4.7　本章小结

　　本章首先提出工业遗产在城市更新中的触媒作用，以及工业建筑改造与经济效益间的关系。然后，提出与创意产业相结合的旧工业区的建筑改造模式。最后，介绍英国利物浦阿尔伯特船坞地区、美国芝加哥海军码头、加拿大格兰威尔岛、法国南特岛等案例的项目背景与改造理念。

第5章　改造为居住、商业和混合功能的案例分析

5.1　阿姆斯特丹市东港区改造

东港区位于阿姆斯特丹市中心区的东部，具有十分便捷的水路、铁路、公路和航空运输条件，是阿姆斯特丹市重要的水陆交通枢纽。20世纪80年代后期，随着港区区位作用的日益显现，阿姆斯特丹市政府着手将东港区改造为一个具有2 500户住户的低层高密度住宅区。

5.1.1　改造背景与改造目的

1. 改造背景

17世纪，东港区还只是一片由沼泽地和小岛屿组成的地区。18世纪，东港区南部的一些住宅和办公楼曾是拿破仑的军营。19世纪，越来越多的大型远洋船来到东港区，使整个港口的规模急剧扩大，东港区码头已经远不能满足当时的需求了。20世纪是东港区发展成型的主要时期。填海造地造就了东港区现在的用地格局，码头和仓库也按照新标准进行了改建。第二次世界大战后，大多数航线开始减少，东港区普通混合货物的运输模式逐渐被集装箱和大型货运模式取代。另外，水上客运也受到迅速发展的航空业的强烈冲击。20世纪60年代，政府在阿姆斯特丹市的西面建设了新的港口，专为集装箱和大型货运服务，最终导致了东港区航运经济的衰落。20世纪70年代，东港区码头被航运公司废弃，这个区域逐渐被流浪者、船民等非法占据，数以千计的非法占据者在港区建立了庞大的社区，取代了过去的货运码头。20世纪80年代后，经过多年的规划和商议，市政当局终于启动了东港区的改造计划。

2. 改造目的

1975年，阿姆斯特丹市政委员会决定将东港区改造为住宅区，以缓解住宅严重短缺的

问题，以此将成群聚集在郊区的中产阶级吸引回城市。改造计划采用"紧凑城市"的理念，建立高密度、混合用途的居住和文化街区，修建桥和隧道与老城相连。

5.1.2 改造主体、资金来源与改造过程

1. 改造主体

20 世纪 70 年代后，工业遗留的破败现状和低收入者聚居的混乱使得港口的改造势在必行。1978 年，阿姆斯特丹市经济发展部门在经过调研和讨论后，最终决定将东港区改造为住宅区。1985 年 6 月 12 日，阿姆斯特丹市议会颁布了关于阿姆斯特丹东港区改造基本原则的政策文件，由此开始了阿姆斯特丹市政府对东港区的彻底改造。同时，新增住房管理委员会作为城市复兴中最重要的机构之一也参与了整个东港区的复兴规划。

2. 资金来源

（1）土地租赁系统。

为了使东港区的规划与开发能够得以盈利和维系，阿姆斯特丹市利用两种方法推进开发方案：土地租赁政策和社会住宅建设。土地被拍卖并分配给长期租赁的开发商，租约每30～50 年按照当时的土地市场价格重新调整，这个方法为东港区吸引了大量的私人投资，而政府也用土地租赁的方式得到了住宅开发的部分经济回报。第二个用以推进东港住宅开发的方法是建设社会住宅。公共住宅首先会得到政府的资助，然后以低廉的价格出租给城市低收入者，社会住宅机构在这个过程中起到了很重要的作用。土地租赁制度与社会住宅建设的配合使得东港的住宅开发兼顾了社会效益与经济效益，实现了社会和经济的双重平衡。

（2）公私合伙制。

在 1985 年确立了阿姆斯特丹市东港区改造基本原则的政策文件后，东港区的建设却面临着资金的难题。单纯由政府出资和经营的结果很可能带来极低的经济效益，但完全交给私人开发商又很难保证公平和社会效益。在英国等国家得到推崇和实践的公私合伙制作为一种快速高效的投、融资模式，成为东港区面临这种局面的首选方案。政府和私人投资者共同成立了港区董事会，由董事会选举出执行主席，再由执行主席管理和监督由项目经理带领的项目组完成港区的规划与建设，政府可以监控整个港区开发的绿化、环境、公共配置等，而政府和私人投资方共同组建的质量小组可以对这一过程进行监督，政府也对开发进程提供全面的诸如港务局、公共工程部以及通信队等官方服务，与建筑师、承建商和

开发人员共同配合项目组完成整个复兴计划。

在公私合伙制的运作下，私人资金被最大限度地激活，政府以少量的启动资金吸引到了数倍的私人投资，共同进行东港区的开发和运作。市场性住宅的巨大利润也吸引了大量私人资金的涌入，复兴计划的经济效益从而得以保证，而政府的自有资金大部分投入到了公共住宅的建设中，平衡了开发方案的社会效益，最终，整个东港住宅区除了70%作为高收益、高价位的市场性住宅以外，还有30%是由政府开发和管理的，专门为低收入者服务的社会住宅，在如此大规模、高密度的开发背景下，采用公私合伙制的投、融资方式很好地兼顾了社会融合、城市绿化、公共利益等多方面的平衡。

3. 改造过程

东港区的阶段性改造从 KNSM 岛开始，第一阶段改造针对不同的居民做出不同的安置方案，并且保留了多阶层混居的状态。负责 KNSM 岛规划和设计的乔·克嫩在操作上一方面利用了 KNSM 岛上部分仓储建筑，改建了多种类型的住宅：单独朝向的三居或四居室、专门用于出租的小房间，以及宽走廊的条形公寓，这些住宅都配有电梯；另一方面，拆除了部分难以利用的仓库，新建了多种类型的住宅，其中包括船员公寓和部分安置船舶公司员工的普通公寓，在一期开发的 KNSM 岛上大约 60%是针对低收入者的社会住宅。

第二阶段开发的爪哇（Java）岛的住宅与早期东港修建的住宅有很大的不同，设计师旭特·索伊特斯在规划之初就把住宅的多样性和差异性放在了重要的位置，在规划中既设计了运河两岸以市场为导向的高档住宅和办公楼，同时也结合围合性的内院空间设计了部分中高档住宅。爪哇岛上的住宅设计完全表现出住宅设计中的"多样性"，甚至还包括展现不同居住者兴趣的特殊空间，如宽敞的兴趣空间、灵活多变的工作空间、户间共享空间等，还有在住宅内部家长和孩子彼此独立居住的袋型空间。

作为最后一期的开发，博尼奥斯波伦堡（Boren &Sporenburg）岛上的住宅也延续了爪哇岛的住宅策略，与早期开发的 KNSM 岛有很大不同。虽然岛上社会住宅的比例被减少到了 30%，70%的住宅都是针对中高收入阶层的市场性住宅，但社区的综合性和差异性仍得以维持。由 West 8 的设计师高依策主持的规划设计，一方面保持了 100 栋/公顷的高密度规划，另一方面深入研究了在高密度规划下更加多样化的住宅形式，如在住宅中植入天井、院落、车库、屋顶平台等的不同建筑空间，并且将这些内部空间的私密性得以最大化，空间的差异性和吸引力的营造成为这一区域住宅的特征。

此外，伦特堡韦斯特（Entrepot-West）区的大部分住宅建于 20 世纪 80 年代，除了两居室到五居室的基础格局，还包括了为残障人士设计的居住单元，以及为年轻人设计的户型和为组团家庭设计的户型。

东港区的改造持续了 25 年，历经政策和观念的变革，也受到其他社会环境的影响，其最终成果是对城市规划、建筑、施工及公共住宅等领域在规划理论和思想观念变迁上的反映。

5.1.3　改造方案

1. 低层住宅设计

针对东港区高强度开发的设计要求，改造方案创造了一种全新的低层高密度住宅单元的划分模式。按照这一模式，低层住宅被细分为单个的小体块，每个体块都包含了占其自身空间 30%～50% 大小的中空空间，这些中空空间被用作内院或者天井。由于花园被设置于住宅内院或者屋顶平台上，从而使港区内的低层住宅成为紧凑的、具有高度私密性外部空间的内向型住宅。同时，为了在高密度的情况下仍然能够实现建造低层建筑的设想，设计方案在住宅的空间组合关系中，建造了连续的、大小基本一致的小体量低层住宅，住宅之间通过"联排"的方式进行拼接，其正立面墙直接面对街道，外部公共空间也缩小到仅为交通服务，这样就节省了大量的间距空间，增加了住宅密度。这种空间组织模式可使住宅密度达到 100 户/公顷，满足了市政委员会提出的"安排尽量多的低层住宅"的要求。

低层、高密度、亲地型的住宅模式不仅体现了差异化和多元化的住宅理念，更加激发了新的住宅类型的生成。在博尼奥斯波伦堡岛上，设计事务所 West8 充分研究了在同样指标和同样狭长的地段上设计新类型住宅的各种可能，形成了更加丰富的或私密或开放的住宅形式，也提供了更加个性化和多元化的私密空间，大大提升了住宅户型的可选性与可变性，使得这一区域的住宅受到不同居住需求和特殊居住需求的人群的欢迎，从而激发了整个区域的社区活力。

2. 功能混合

阿姆斯特丹市政府和商业发展商签订协议规定，整个东港区的所有竞争性的零售商业都不允许设置在住宅区内部。为了既符合这一功能限制条件，又适应将来住宅区增加商业服务功能的要求，设计方案运用了一些非常具有弹性的设计手法，如将低层住宅的底层层高设计为 3.5 米，这不仅能使大进深的住宅获得更多的自然采光，而且能为其将来使用功能的转变（即由居住功能向商业零售、娱乐等功能转变）创造便利条件。从后来的实施情况来看，增加底层层高的设计确实满足了多种用途的需要，这些住宅的底层空间可以被设计和改造为酒吧、咖啡厅或工作室等。

3. 街道立面控制

近 80 位建筑师在市政府规划所确立的原则下设计了形式各异的建筑立面，虽然这些设计作品风格迥异，但整体的街道立面仍延续了欧洲传统街道的特色和风格。高耸的哥特式建筑紧挨着严谨的罗马式赤砂石建筑，建筑之间相互争艳，立面尺度呈现出统一而富有变化的特点。在荷兰，由于现代主义在设计领域占有支配地位，因此东港区的街道立面虽然没有尖顶山墙、壁柱、柱式及柱顶线盘等元素，展示的却几乎全是新格罗皮乌斯主义风格的街景特色，其形式富于变化，鲜有雷同，流露出一种浓郁的现代主义情怀，体现出一种对立统一的空间关系（图 5.1）。

图 5.1　阿姆斯特丹东港区改造住宅立面

资料来源：www.baidu.com

4. 水域空间

除了实现东港区本身的高强度开发目标外，东港区城市设计的另一个亮点就是成功地处理了东港区与四周水面的关系。在陆域外部空间相对有限的情况下，方案尽可能地凸显了低层高密度建筑的封闭性与水域的开放性之间的对比关系，希望通过这种对比将水域作为一种重要的空间资源纳入整个设计中来。与城市普通居住区中通常用公园和花园充当休闲及开放空间的情况不同，东港区的改造建设充分利用了广阔的水域来设计休闲开放空间，将部分公共活动转移到水域上进行，从而实现了活动地域的空间拓展。

5.1.4　改造结果评价

东港区改造获得了国际上的广泛认可，作为一个成功的新城市主义设计范例，在一定程度上要归功于整个东港区富有创造性的规划布局。

1. 高质量的大容量

在狭窄的用地内不仅要实现高强度的开发，还要创造良好的景观环境质量，这是一项具有挑战性的课题。东港区改造以低层高密度的组合模式，实现了上述目标。该模式的核心理念是通过集约化的空间分配，尽量整合低层住宅的外部空间，紧凑布局，以提升居住容量。通过在住宅中楔入各种形式的景观庭园，将外部景观转移到住宅内部，使住户在获得独立空间的同时又扩大了住宅内部的活动空间，提高了住宅的环境质量。因此，虽然东港区的居住容量巨大，但环境质量却在满足住宅环境"均好性"的前提下得到了提升。

2. 空间角色分配

东港区的住宅群实际上是由大量的低层住宅和个别高层住宅组成的，这些住宅被赋予了不同而又明确的使命：低层住宅在延续港区历史文脉的同时，其空间体量还要与港区的历史建筑体量相协调。高层住宅在极大地提高住宅容积率的同时，还要丰富住区的景观形态，并以其独特的空间造型和区位优势，成为东港区的地标。

3. 弹性设计

阿姆斯特丹市政府针对居住区所制定的商业限制性规定，显然是一种不合情理的政策，因为在事实上，居住区与商业设施之间存在着必然的需求关系。东港区的住宅设计利用弹性的设计方法巧妙地找到了解决这一矛盾的一个平衡点，即增加建筑底层层高，既改善了住宅的采光通风条件，又为以后向商业功能转变预留了一个"接口"。后来的事实也证实了这一设计思路的先见之明。

4. 多样性创造

方案设计采用的独特的技术组织方法无疑是一种突破，它直接促成了方案多样性的产生。这一方法将大量的设计者组织到设计中来，通过鼓励设计者在遵守公共规则前提下的自由发挥，从而丰富了整个建筑街景的立面。此外，通过创造多种形式的建筑，在建筑底层引入具有艺术性质的商业及娱乐业的策略，使这个区域更具特色。

5.2　水城舒特海斯酿酒厂改造

5.2.1　改造背景

柏林在 19 世纪后期到 20 世纪前 30 年建造的工厂中，动力能源和机械制造占据主要成分，其中大型涡轮机车间和锅炉房尺度高大，气势恢宏，大跨度的空间，良好的采光为未来的功能使用提供了更多的可能性。这种大工业时期的巨型厂房适合大型规模的展演活动，或改造成为以展示大尺度展品为主的现代艺术博物馆，如柏林城郊的博斯希城原大型单层车间改造而成的泰格尔地区的购物中心，下面结合水城舒特海斯酿酒厂来做具体的说明。

水城舒特海斯酿酒厂位于柏林施般道区，施般道湖的西岸，与地铁站施般道老城（Altstadt Spandau）临近，始建于 19 世纪末期。改造于 1997 年开始，1998 年结束。舒特海斯街块改造属于水城项目的一部分，该项目的可行性研究始于 1989 年夏天，柏林墙被推倒后不久，由柏林规划局（Bausenator）和经济局（wirtsehaftsenator）委任建筑工作小组"Leibni－Gruppe"对于昔日柏林上哈费尔（Oberllavel）工业用地再开发成为新的水城进行研究。项目面积包括 200 公顷陆地面积以及 100 公顷水域面积，15 000 居住人口，20 000 个工作岗位。

5.2.2　改造目的

在城市更新和建筑保护法规的框架中，不同的工业建筑遗产有着不同的再生设计理念和方法。然而在审视项目的全过程后不难发现，许多环节在改造中遵循着一定的原则和立场，改造手段充分体现项目的历史性、经济性、艺术性和技术性，促使项目所涉及的各个方面利益能协调一致。在本项目中，城市设计目标以历史保护为基础，通过对滨水空间进行绿化改造，从而有效地改善和提高地区的生活和环境质量，最终将该区域改造成为一个新型多功能的城市社区。具体的城市设计目标如下。

（1）建筑密度：3.1；建筑面积：100 000 平方米。

（2）功能混合：住宅、老年人住宅、学前儿童看护所、诊所、健康中心、办公、餐饮、零售和文化功能。

（3）曾经的码头改建成为滨水步行道，并与绿化空间相结合。

（4）新老建筑之间的和谐对话：新建筑采用与啤酒厂保护建筑相类似的红色砖饰面，延续了原先被誉为"红砖城"厂区的视觉意向。

（5）滨水步行道、广场与 18 米宽的街道重新组织，营造了宜人的城市生活氛围。

（6）特殊的交通设计：限制交通量区域、地下停车、可共用滨水步行道的自行车道，轨道交通正在建设中。

5.2.3　改造主体

柏林施般道地区有着悠久的历史，同名的施般道湖流经此地，使它有了特殊的形象和意义。这里不仅有美丽的湖光风景和古镇印象，也有像西门子等企业多年建立起来的工业设施，这些建筑多样性在施般道湖畔得到了充分的展示。20 世纪 80 年代始，这批保存完整，建于 1870～1945 年间的工业历史建筑被重新发现和关注，并纳入地区更新发展计划中。由于得天独厚的环境资源，这些昔日的湖岸厂房被重新开发为新居住社区，以期有效改善和提高地区的生活和环境质量。一份由官方出示的该区域工业保护建筑名单中包含了单体建筑和建筑群总计 19 个，排在首位的是始建于 1876 年，有着"红砖城"之称的旧舒特海斯啤酒厂建筑群，它用了漫长的半个多世纪才形成了当时的规模和格局，极好地见证了施般道地区在建筑、社会和城市发展等方面的历史变迁。基于其在施般道地区建筑群中具有重要的历史、艺术和科学价值，1994 年整个厂区被列为柏林文物保护对象。施般道的舒特海斯啤酒厂在其发展过程中从来没有停止过扩充，然而可贵的是不断扩建后的建筑的艺术质量和建筑群的整体性仍能秉持当年的设计意图，使得昔日的啤酒厂至今仍给人留下深刻而完整的视觉印象。

富有经验的柏林工业技术大学策里希教授在 2000 年提出了该啤酒厂整体改造规划方案和定位，圈定出要保留的厂房建筑和新增建筑的范围，以新旧共生的方式来打造施般道湖畔的未来新社区。来自巴黎的莱欣和罗伯特建筑师事务所对保留下来的锅炉房、酿造间、生产大楼和门房等建筑提出具体的使用和改造意见。

5.2.4 改造方式

1. 新旧建筑关系再生——嵌入与贴合

（1）在水城舒特海斯街区中保留下来的啤酒厂建筑群包括：建于 19 世纪末期的旧麦芽生产车间、企业大楼，建于 1900～1910 年间旧的南楼和旧的器械大楼，建于 1927～1928 年间的新南楼和新器械大楼、锅炉房，建于 1925 年的入口大楼以及由 Hermann Demburg 设计的行政大楼。设计师在处理新建建筑与旧有建筑之间关系时所使用的形式有两种，即贴合、交织（图 5.2）。

（2）设置步行道并利用水资源与周边关系再生。原来的街块长约 300 米，宽 200 米，通过设置 18 米的步行道，使其与水资源发生联系，同时街区长度也减为 220 米。

（3）视觉的统一与对比。水城舒特海斯酿酒厂自建成以来就有"红砖城"的称号，这种视觉意象在改造后被延续下来。在城市设计阶段，设计师对材料的选择就有相关的限定，要求在改造中主要运用红色的砖饰面。虽然不同的新建建筑运用了色彩稍有差异的红色，且红砖在立面上的使用比例也有差异，但是这些都恰恰构成了以红砖为主题的意象，又给人品味细微差异的机会。

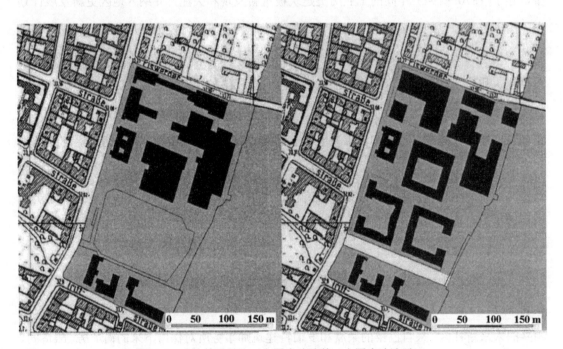

图 5.2　改造前后对比（左图为改造前，右图为改造后）

资料来源：www.baidu.com

2. 功能再生——恢复空间本质的拆和改

通过对老建筑的保护及新建筑元素的融入，街区的功能得以再生，其主要功能包括办公、高质量的公寓及住宅、由生产车间改造而成带有健身会所功能的宾馆、由锅炉房改造成的办公室和 Lofts、由入口大楼改造而成的学前儿童看护中心及医疗中心、由街区核心部分与原生产车间改造成的一个整体健康中心。功能的高度混合为水城舒特海斯街区注入了新的活力。

3. 城市界面的再生——街区界面的重塑

啤酒厂地块南侧原为运动场，通过加设步行道形成街块单元，在其内部建造两栋住宅后，街区的城市界面被补充完整。同时，与改造前的情况相比，增加街区滨水界面的长度，利用滨水环境对界面的影响作用，可以明显提高城市界面的开放度。

4. 公共空间的再生——空间重塑与步道引导

（1）公共空间类型与特征。

滨水活动空间成为公共空间的重要组成部分。与改造前的情况相比，滨水活动空间的面积增加了 600 平方米，即将原先的车间大楼南侧部分拆除以形成滨水的大广场。现在的滨水活动空间占总公共活动空间近 1/3，成为公共空间的主体。

（2）导向性：广场、步行道引导。

基于滨水空间的核心作用，建筑师通过大小两个广场与公共空间体系相联系，确保滨水空间的导向性与可达性。首先，滨水大广场与滨水线形的步行道相连，并与整个公共空间系统成为一体。其次，在原车间大楼（现改建为老年人公寓）北侧设置一个长方形小广场，老人们可以在那里休息，欣赏施般道湖的美景。条形滨水步道南北两个端部都体现了开放的态度：北端通过与建筑设计相结合的方式，将建筑底层部分架空，通过台阶与埃斯伟德桥相连接，新建的高层公寓底层的立面也采用敞开的形式，从视觉和空间上同时建立可达性；南侧滨水开口直接与容纳体育活动设施的步行道相连。

5.2.5　改造结果评价

通过对城市肌理的填充与修正，增强了滨水空间的可达性与导向性，将滨水空间营造成为核心公共活动空间。通过改造，不仅保留了原有建筑的历史特色，而且带动了街区的活力，提升了街区的价值。同时，舒特海斯酿酒厂街区也是一个多赢的遗产街区，所有者巴伐利亚州官方信贷公司得到较高的建设项目容积率，开发商得到投资方面的补助，住户与使用者能够享受宜人的城市居住生活。在舒特海斯酿酒厂街区更新的过程中，可借鉴的内容包括以下两点。

1. 保护法规的灵活性

在文化和经济的资源保护方面，历史建筑保护是城市可持续发展框架的一个重要组成部分。要适应新的功能开发和定位，被保护建筑必须在地区发展规划和建筑保护规范的框架下经过一定的改造和整治。从文物保护者的角度，被保护建筑见证了城市历史和文化的发展，使城市具有可识别性，对它们进行任何破坏都将给城市带来不可逆转的伤害；从开发商的角度，盈利是他们考虑的主要问题，而通常建筑保护往往要投入比新建建筑更多的资金，且短期内回报小，产出具有长期性特点，因此对他们而言，建筑保护和开发利用始终存在着分歧和矛盾。要解决这些矛盾，离不开保护法规和政策的良性引导，为了保护而保护的"古董式"保护和对建筑文化价值的漠视误读都是不可取的。因此，在保护法规中，被列为文物建筑的可以是整栋建筑，也可以是建筑的一部分，方便在改造时实施拆、改、留、扩等不同的措施和方法，对建筑空间进行灵活的拓展和重构。同时，遗产保护和再生对于私人投资者和政府来说都需要承担更大的风险。由于私人投资者的根本目的是经济上的最大化，因此，政府需要通过制定相应的法律规范、出台一些经济上的优惠政策来提高开发者的投资信心，规避风险，同时将遗产潜藏的文化价值充分地挖掘出来。

2. 改造方式的灵活性

改造闲置厂房的关键因素是要寻找合适的新功能，并且要减少由于新功能的使用对保护建筑造成的破坏和影响，避免各方的利益冲突，因此在设计的过程中，要通过文物管理局、工厂产权人、建筑师、使用者等多方一起协调讨论厂房建筑的新功能。

水城舒特海斯酿酒厂自1994年整个厂区被列为柏林文物保护对象后，在战后60年间，它的整体艺术风格依然能够保持最初的设计意图，这和它最初以历史保护为基础的改造目标有关。通过结合滨水空间进行绿化改造，功能置换引入新的功能，梳理路网来引导人流、活化空间等方式，它最终成为一个新旧共生，充满活力的新社区。

在改造手法上，它主要采用了3种方式：一是只保留外墙结构的重建。这种改造方式可以让建筑的旧有格局适应新的功能需求，同时消除了历史建筑的结构安全隐患，对于历史建筑细部也有很好的保留作用。二是通过拆、改、留、扩的方式来达到新旧整合。在进行改造时，要强调新旧建筑之间视觉上的关联以及新旧结构的逻辑性，要尽量减轻建筑原有结构承受的荷载,同时保留建筑的价值。具体实施方式通常有:旁建和加层、夹层和连廊以及屋中屋等。这些都需要对原有建筑结构和建筑质量进行准确的评估,然后根据具体的建筑形式来选择合适的改造方式。

总而言之,在工业遗产的保护和改造中,政府的保护法规和鼓励政策以及前期正确的功能定位和合适的改造方式都是工业遗产价值最大化的决定性因素。只有通过合适的开发,工业遗产的历史价值和使用价值才能更好地展现出来。

5.3 英国卡迪夫湾内港工业区的复兴

5.3.1 改造背景

卡迪夫是英国西南部重要的港口和工业、服务业中心,是威尔士首府,位于英国西南沿海平原,北依煤矿区,南临海湾,优越的地理位置为其发展海上贸易提供了良好条件。1839 年,卡迪夫第一个码头—西布特码头就已投入使用,主要运输铁和煤。此后这一地区又陆继开辟了东布特码头、罗斯内湾码头、罗斯码头、亚历山大女王码头,并修建了铁路专用线。1880 年,港口吞吐量达到 80 万吨。这一时期城市人口急剧增加,作为码头区商业中心的蒙特斯图尔特广场迅速发展起来。随着该港逐渐成为国际煤炭贸易中心港,广场周围的建筑得到重建,也使该港湾逐渐受到关注。

1913 年港口钢铁和煤的吞吐量达到最高峰,此后,由于货种过于单一,缺乏对码头设施的投资,与港口运输配套的工业如修造船厂等也没有得到很好的发展,再加上第一次世界大战的影响,港口发展一落千丈。到 20 世纪 70 年代,蒙特斯图尔特广场及其周围建筑大多数破损坍塌,几十年的经济萧条,导致了港口的全面衰落和废弃。为了遏止衰落,保护卡迪夫这一重要特色地区,1980 年有关部门多方面筹集资金,着手该区的改建工作。

5.3.2 改造现状

卡迪夫海湾区占地 1 093 公顷,现有居民 5 000 人,企业近 1 000 家,职工 1 500 人(部分职工在外区居住)。海湾区是卡迪夫市的重要地区,曾在威尔士的工业和航海发展史上起过决定性作用,一度成为世界最大的海港之一,其优越的地理位置和过去的繁荣兴旺为今天的发展更新奠定了基础。多年来,卡迪夫一直面临着失业、低工资、住房短缺、周围地区失业人口盲目涌入、服务设施不足、制造业不景气等问题,近几年的经济复苏使这些问题有所缓和，但问题依然存在。卡迪夫经历了从工业城市向商业城市的转化过程，目前服务业在业人数占全部就业人数的 76.4 %，现在正向旅游城市过渡。海湾区的复兴是一项全面的、综合的开发计划，旨在充分利用该区良好条件，挖掘潜力，把卡迪夫建成国际海港城市，使之可以与世界一流海港城市相媲美，以此促进卡迪夫及整个威尔士的经济和社会发展。

5.3.3 改造主体与资金来源

卡迪夫地方政府与威尔士事务部密切合作，于 1987 年 4 月创建了卡迪夫海湾城市开发公司（CBDC），目标是将卡迪夫发展成为世界上最佳的滨海城市之一，提高和强化卡迪夫乃至整个威尔士的形象和经济水平。到 2005 年，卡迪夫湾内港的发展已成为威尔士的经济发展的动力，同时在创建现代城市方面成为一个成功的案例。

卡迪夫海湾城市开发公司利用土地征购权，不断推进以房地产主为导的改造活动，将大笔资金投入各类开发项目，以特殊开发奖励和对旗舰项目的直接补贴等方式用于建设项目。卡迪夫海湾城市开发公司的成立也说明，原先以提供福利服务公民为主的政府职能，正在向促进地方经济增长、提升城市竞争力方向转变。在此过程中，政府提出了发展投资型城市以推动经济增长和社会复兴的思路，于是卡迪夫海湾城市开发公司选取巴尔的摩港为样本，充分效仿巴尔的摩的城市再生模式，改造城市形象，调整经济结构，使原先的后工业城市转变为新型消费主义中心。此外，卡迪夫海湾城市开发公司还参考了巴尔的摩滨水地区城市再生和商业化的策略，在滨水地区建造了大量标志性建筑和充满特色的公共空间。

5.3.4 改造过程

威尔士为解决卡迪夫衰败而进行的复兴共经历了 40 年，大致可以划分为以下 4 个阶段。

1. 第一阶段：面对衰败和转型（1965—1980）

20 世纪 60 年代威尔士煤的出口实际上已停顿。1978 年离市区不远的 East Moors 钢铁厂倒闭，使城市丧失了 3 200 个工业就业岗位，同时还丧失了另外 3 000 个相关配套辅助企业的就业岗位。在它的辉煌时期，这个钢铁厂曾为 9 000 人提供了工作。此时，政府意识到复兴城市南部地区的重要性。政府首先投资建设了过境交通线路和城市中心环线，规划、改造、建设了城市中心的步行商业系统，兴建了娱乐设施和新的公立图书馆，并进行了大学的扩建。与此同时，还建设了新的住宅区，并吸引新的投资项目来创造更多的就业机会。卡迪夫所发生的变化在时间上可以划分为两个阶段——20 世纪 70~80 年代，城市人口大量外迁；20 世纪 80 年代中期人口外迁趋势有所减缓。城市中心由于增加了新的就业岗位和商业设施，迁入了为整个区域提供服务的服务业和专业公司而重新繁荣起来，但是卡迪大南部和连接城市中心与海滨地段的原码头区严重衰败，仍然是破旧的城市地区。

2. 第二阶段：释放潜力与重整旗鼓（1980—1990）

卡迪夫发展的一个重要转折点是在 20 世纪 80 年代初期，当地政府议会通过了投资改造废弃码头区的议案。建设工程以疏解过境交通道路的建设作为起点，修建了一条双车道的公路与 M4 高速公路连接。政府与私营开发商 Tarmac 公司合作，对封闭的弼东（Bute East Dock）码头进行改造，这成为卡迪夫南部以及整个城市更新的催化剂。Tarmac 公司对旧码头港区的改造首先集中在大西洋码头（Atlantic Wharf）港区。南格兰摩根郡政府为了引导复兴改造，决定将政府机关总部搬迁到这个港区，政府办公楼的造价为 2 800 万英镑，在建筑风格上，其屋顶借鉴了亚洲的宝塔形式。

复兴改造的过程是缓慢和渐进的，卡迪夫港口曾经是世界上最重要的煤输出港口之一，在改造的初期，不少码头堆积了大量的煤，成为废弃的棕地。

卡迪夫海湾城市开发公司的工作重点是对码头区内被污染的、废弃的 1 100 公顷土地进行开发改造。核心地段将通过在港口的出海口建造堤坝，创建一个面积 200 公顷的淡水湖，形成延续 13 千米的滨水公共空间。堤坝的另外一个作用是解决南卡迪夫地区的防洪问题。

3. 第三阶段：实现目标与完成转型（1990—2005）

卡迪夫海湾城市开发公司的运作期限是 1987~2000 年，随后就应将大部分的权力移交给卡迪夫郡议会政府。此公司在其运作的 10 多年间，根据地方政府的政策和规划内容，确定并成功完成了一系列的目标。这些目标包括以下几点。

（1）重新调整卡迪夫城市中心，使卡迪夫城市中心毗邻水域。

（2）鼓励居住区的发展，为所有居民提供适宜的住房。

（3）建立一个特色鲜明的、富于创新的城市中心区。

（4）最大限度地吸引私营投资。

卡迪夫海湾城市开发公司在规模上确定的目标任务——总计 1 100 公顷的改造范围，大约是整个卡迪夫地域面积的 1/6，这个规模使它成为欧盟最大的改造项目之一。卡迪夫海湾项目自 20 世纪 80 年代开始到 2005 年期间实行的基本原则如下。

（1）协调城市中心与海湾的发展。

（2）编制规划并建设具有战略意义的基础设施。

（3）修建堤坝，兴建淡水湖。

（4）公共空间领域具有高质量、多层次的特征。

（5）可持续发展的湿地保护。

（6）城市复兴的长期性——从实际考虑可能需要 25 年。

（7）城市改造需要地方政府的有效领导和财政支持。

1990～2005 年，卡迪夫完成了城市转型，其内部堤坝于 2000 年建成，千年运动场于 1999 年完工。堤坝的造价为 2.2 亿英镑，千年运动场的造价为 1.5 亿英镑，美人鱼码头商业改造项目的成本为 2 500 万英镑，千年艺术中心、歌剧院的建造费用为 1.04 亿英镑。自这些项目完成之后，卡迪夫举办了一系列的国际活动。在此期间，卡迪夫还建成了两座五星级的酒店；另外还拥有不少其他等级的为旅游者提供服务的酒店。

在卡迪夫的复兴过程中，280 万英镑被投入到社区的完善和建设项目中，共资助了 360 个社区的发展项目。这些项目改善了当地居民的生活环境，提高了他们的生活质量，还产生了 16 759 个永久性的就业岗位。

4. 第四阶段：继往开来（2005 年至今）

与 20 世纪 80 年代中期卡迪夫海湾城市开发公司初建时比较，卡迪夫的地位已有了显著的提高，实现了其作为欧洲领先城市的发展目标，而这一切变化仅仅是在短短 20 年中实现的。卡迪夫未来的发展还包括以下内容。

（1）一个新的投资 7 亿英镑的运动村。将带来 3 000 个就业岗位，每年吸引 450 万旅游者，每年的消费约 2 亿英镑。

（2）一座新的足球场和足球俱乐部。足球场的造价约 1.1 亿英镑，另外还有 2 200 万英镑的配套商业、办公设施和住宅建设。

（3）城市中心建设一座新的大型购物商城。

（4）建立一座遗传基因研究园。进行包括医学在内的相关边缘学科的研究，并将与卡迪夫大学密切合作。

5.3.5　改造方案

规划成果包括一系列制定严格的、积极的开发建设、开发控制政策和设计提案。它展示了海湾区的远景，给出了全面的城市设计概念，为阐明开发地点、土地用途、进一步的规划设计、开发建设、开发控制等提供了构架。在这里，僵化的土地使用规划和区划方法都不适用，而是采用按各片区的位置关系，对其关键地段、城市形态、建设内容等给出原则性指南和意象性设计的方法。在细部上对建筑形式、高度，岸线处理，建筑材料，街景，小品以及气候因素，安全性、通达性等方面均有明确指导。为达到高质量的设计方案和有效的开发控制要求，城市街道、步行道、停车场等的设计极具特色，使城市景观丰富多彩。

改造具体要点如下：

（1）为解决海湾区的对外交通问题，规划中开辟一条横穿区内的东西向干道，将东、西两侧城市主干道连接起来，并与高速公路相连。该干道是海湾区的动脉，有 6 个交叉口与区内其他干道相接，为区域内的发展提供了便捷的交通条件。为避免干扰，主干道经过中心区一段沉入地下，南北方向与市中心的交通联系（货运）则由达姆波斯路和中心路两条干道承担。

（2）为有效地利用水面，在海湾口规划了一条拦海坝，围成了面积为 200 公顷、岸线达 12 千米的湖面，突出了该区的景观特色。大坝本身设计为游览、观光的带状公园，坝外为大海，坝内为内湖公园，内部开展各种水上活动。利用水面、标志物、岸线处理等创造优美和谐的山、水、城景色。为防止湖水遭受污染，对污水排放有严格的政策和控制标准（图 5.3）。

图 5.3　卡迪夫湾内港工业区改造后景观

资料来源：www.baidu.com

（3）为了把海湾区与市中心有机地结合起来，从海湾区中心（内港）开辟两条生活性干道直抵市中心，中间是一条 50 米宽、1 000 米长的林荫大道，这一宽阔的视廊使大海与内湖的景色一直延伸到市中心，与之互为借景。

5.3.6　改造结果评价

海湾区正从一个被遗弃的煤炭运输港口向新兴的城市活力地带转变，并在改善环境质量方面取得巨大进展，这些成就引人注目。但必须指出的是，该地区的城市设计效果却与其最初再生策略所制定的发展目标大相径庭。此外，海湾区的城市再生策略中，关于采取"紧缩城市"的方式改造棕地的方针，在实践中没有体现。

对照前文所述的设计目标，在卡迪夫海湾的再生实践中，设计主导的城市再生没能将城市中心与滨水区域有效结合，也没能有效地利用公共交通使通勤的过程变得便利，结果造成 93%往返于市中心和海湾区的人开车上下班。在塑造环境质量方面，各个项目的建成效果参差不齐，从总体上看，此次开发并没有形成适宜居住工作和娱乐的良好环境。另外，其他的一些既定目标也没能实现，其中包括新老居住区联系、完善社区服务、开发文化娱乐项目以吸引足够的游客，打造新兴商业区以提高城市活力等。

5.4　瑞典马尔默西港

随着造船业衰落，许多港口渐渐衰败废弃。但是由于港口具有良好的滨水景观，陆路、水路交通便利，所以具有开发成为积极城市空间、优质住区的潜力。如何在后工业时期塑造一个文化与环境可持续发展的城市形象，瑞典马尔默西港从工业基地到绿色住区的转变，提供了丰富的成功经验。

5.4.1　改造背景

1. 地理位置

马尔默（Malmo）是瑞典第三大城市，它处于瑞典南部，踞守波罗的海海口，位于厄勒海峡东岸。海峡对面便是丹麦首都哥本哈根，有跨海大桥相连通。马尔默市区分为两部分，一部分濒临海洋，为运河环绕的老区；另一部分是向腹地延伸的现代化新区，西港就位于这个新区之中。

2. 社会经济背景

马尔默是瑞典主要工业城市之一，以造船业、纺织业和汽车制造业为主导产业，西港则是该市造船业、汽车制造业等工业的聚集地。20 世纪 70 年代，该区因造船业的衰败而发展停滞，许多公司及其雇员都从西港区搬离，位于城市中轴的港口开始杂草丛生。

近年来，马尔默市正处于经济转型期，即由传统的、已衰败的造船业和纺织业，向新型的、高科技的信息产业与生物科技方向转化，尤其是哥本哈根和马尔默之间跨海大桥的开通，为马尔默逐渐上升为区域经济中心提供了历史机遇。如何在后工业时期塑造一个文化与环境可持续发展的城市形象，成为马尔默市发展的战略目标。

为此，该市还制定了环境可持续发展的目标（1998—2002）：至 2005 年，二氧化碳排放量减少 25%；至 2010 年，60%能源消耗（交通除外）必须来自可再生能源或垃圾发电，在城市化的进程中，保护本地区生物的多样性。

3. 机遇

1995 年，马尔默在和其他十几个欧洲城市竞争"欧洲城市住宅博览会"的举办权时，提出要将废弃的工业码头重新改造成有吸引力的住宅区的目标，这对于当时欧洲许多城市经济都存在开始下滑的情形，毫无疑问具有强烈的吸引力。2000 年，联合国环境规划署（UNEP）在马尔默举行第一届全球部长级环境论坛会，会议签署马尔默宣言，呼吁国际社会进行环境管理，这次会议为马尔默未来的城市可持续发展打下了良好基础。

在 2001 年马尔默市政府牵头组织的一次欧洲建筑博览会后，原本被废弃了的工业城市奇迹般地获得了重生。在这次欧洲建筑博览会中，马尔默市政府对西港地区在规划、建筑、社区管理等方面进行超前尝试。最后，一个名叫"Bo01"的"零排放"住宅区诞生了。这是瑞典首个零排放住宅区，被人们称为"明日之城"。

5.4.2 改造策略

Bo01 城区混合了独立住宅、公寓、住宅、企业以及面向 25 岁以下或 55 岁以上人群的住宅。每座建筑直接与水、自然接触。

1. 改造目标

西港新区于 2001 年开始建设，在废弃的工业码头及存在着一定程度的工业污染的场地条件卜，市政府从一开始就制定了较高的建设目标：将该区建设成为生态性可持续技术的实验区，马尔默城市社会经济新的增长点，以及 21 世纪最具吸引力的城市新区。该项目于 2008 年完成第一期，即 Bo01 住宅区的建设，其再生能源系统被评为欧洲最佳节能项目，并被公认为欧洲可持续建筑的示范工程。西港新区也成为可持续、前卫和高度生态保护的城市规划的真实体现，Bo01 的成功开发建设使马尔默成了欧洲可持续城市发展的楷模。现在西港新区正在开发第二期和第三期，远期规划至 2035 年。

2. 项目组织协调

Bo01 住宅示范区项目的参与单位众多，包括欧盟、瑞典中央和地方政府（国家能源部、马尔默市市议会）、20 余家国营（如项目总承包商 Bo01AB、HSB 即是国企）和私营开发企业、诸多产品和技术供应商以及科研院所（隆德大学、皇家工学院等）。项目的顺利实施得益于强有力的生产组织和协调机制，即以开发商为龙头和主导，以项目为平台，把住宅相关企业如规划设计、建筑、材料、代理、工程监理等链接起来，在一个平台上完成住宅的产业化配套集成，形成一个利益、责任、协作的共同体。通过产业链的链接，实现产业间、企业间有序配合的生产组织模式，最终形成一个多赢的利益共同体。

3. 项目实施

Bo01 住宅示范区还有一个重要的特点，即在整个住宅小区的建造过程中并未采用特别先进、高造价的技术和产品，而是把重点放在现有、成熟适用的住宅技术与产品的集成上。最有说服力的例子莫过于，Bo01 的能源供给实现了 100% 依靠当地可再生能源的供给机制，而实际上只是把当地已经广泛应用的风能、太阳能、地源热泵等技术加以集成而实现的，这也是 Bo01 住宅示范区获得欧盟的"推广可再生能源奖"的一个重要原因。

5.4.3 改造手段

1. 总体规划

在 Bo01 项目规划之初，马尔默规划办公室就明确了水系统规划的 3 个目标：第一，将社区通过水系与老城中心连接起来；第二，实现每座建筑物直接与水和自然接触；第三，收集雨水并利用植物对其进行处理和可持续利用。在该目标的指引下，总建筑师可拉斯·丹（Klas Than）以中世纪城镇和街区格局为范本进行统一规划，兼顾当地的海风特征和开放空间层次变化，规划了慢行街道系统、生动多变的邻里空间格局以及诸多避风场所。

整个社区包括居住区、欧洲村及社区绿地三大片区。各区环境均以水为基本要素，通过一条穿越居住区和欧洲村的人工运河实现了每栋建筑都临水的目标。这条运河沿线形成了 Bo01 社区带型中心绿地，运河以位于场地中心的集水池为源头，以湖泊、小型瀑布及湿地小溪的形式穿越居住区及欧洲村，最后分别由北侧汇入大海，由南侧汇入人工休闲码头。设计师将不同形式的水景巧妙地引进城市新区中，最大限度地优化了居住环境（图 5.4）。

图 5.4　瑞典马尔默西港改造后景观

资料来源：www.baidu.com

2. 连通的社区绿地开放空间系统

城市中的开放空间系统往往被繁忙的机动车道所分隔，难以实现真正意义上的连续，而 Bo01 社区则规划设计了连续的开放空间系统。社区采取机动车与非机动车分离的模式，这种布局形式清晰地将社区开放空间分成两级，即基于水体且连续的、完全向马尔默市民开放的中心绿地开放空间和由建筑围合形成的院落式半私密邻里开放空间。开敞连续的中心绿地以运河、海港、码头等水体为骨架，将 Bo01 社区向南与马尔默两大城市级公园：城堡公园和国王公园连接到一起，最终与马尔默老城区护城河连接起来，形成城市连通的环形水系和连续的开放空间系统。目前，Bo01 社区开放空间已成为马尔默市最具吸引力、最活跃的城市开放空间之一。

3. 以步行及自行车通行为主导的社区慢行系统

将机动车与非机动车分离，营造安全舒适的步行城市新区是西港新区建设的主要目标之一，规划采取了 3 项措施：首先，将社区主要机动车流量控制在场地东侧外围并充分利用地下停车场；其次，社区内部结合街道只设置了 3 处可停车带，但这些区域均采用砖石铺地，并通过 30 千米/小时的限速管理使得机动车只在少数特殊情况下使用该区域，从而形成良好的步行及自行车通行氛围。此外，社区提供可免费使用的电瓶车，从而将机动车在社区内通行降到最低，为社区营造了大面积安全、舒适的步行及自行车通行区域。社区东侧外围的城市主干道连接老城区，准时方便的公交车设置及连接老城区的自行车道系统大大减少了外出和来访的市民使用机动车的频率，实现了以自行车及公共交通方式出行为主的城市新区出行模式，最大程度维护了城市环境安全。

4. 节地措施

主要通过合理的规划和设计提高小区的土地利用率，同时增加小区的美学观赏性。

（1）土地利用。

在土地利用上，沿袭了瑞典传统的低密度、紧凑、私密、高效的用地原则。Bo01 规划以多层为主（3～6 层），容积率与本地区其他住宅小区相比较高。在设计上，得益于 30 多位建筑设计师的共同参与，各个住宅楼从外观立面到平面构图，乃至装饰装修都精彩纷呈、各具特色，在体现多样性的同时，又很好地实现了和谐统一，并突出展示了以人为本的功能性原则。

（2）高层塔楼。

这栋超高层的综合公寓楼由西班牙著名设计师卡拉特拉瓦设计，位于整个住宅示范区的北面，该楼的设计灵感源于一座名为 *Turning Torso* 的人类躯体扭转雕像。大厦居住总面积达 12 150 平方米，可容纳 150 套居住与办公单元。这座旋转大厦有 54 层，高 190 米，是北欧的最高建筑，也是欧洲第二高的建筑。旋转体大楼每层都旋转少许，使整栋大厦共旋转 90 度。

5. 绿色建筑

马尔默在推行绿色建筑的过程中，针对不同的建筑特点，选择相应的环保措施和绿化措施，改善了居民的生活环境。

鉴于当地寒冷的气候条件，小区窗户和外墙使用的材料和厚度能很好地包裹起室内空间，减少热量流失。沿海房屋呈规整的矩形，加厚外墙抵御海风。宽敞的窗户是每个建筑的共同特征，设计者认为，宽敞的窗户有利于自然采光，部分公寓在窗棂上嵌有玻璃增加室内的采光，减少耗电量。马尔默 1～7 月的平均温度在 1.2～17.3 ℃，居住区内每个单元公寓能耗不超过每年 105 千瓦时／平方米，其中每年 70 千瓦时／平方米用于保温，35 千瓦时／平方米用于电力。这个数据远低于瑞典公寓每年 175 千瓦时／平方米的平均值。

在环保方面，Bo01 住宅区有自己的能源供给系统，所有的能源都是可再生能源。电力来自太阳能和风能，热水来自地热能和太阳能。海水储存在地下，蓄水池用于产生热量。在所提供的能量中，80%由地热产生，其余由光电解决。安装在屋顶和墙壁上的 1 400 平方米太阳能板，为家庭热水和保温系统提供电能。

此外，在每个公寓内都有一个厨房废物处理装置，收集有机废物。这些废物通过专用管道聚集到分解池，专门用于生产沼气。废物生产的沼气代替天然气，用于房屋供热、厨房做饭等。在停车场旁边建有垃圾分类处理厂，纸、金属包装、塑料包装、瓶子和纸板等可回收垃圾与不可回收垃圾分类处理，便于市政部门运走。提倡公共交通出行，限制私家汽车的使用频率。

6. 众多设计师参与，以创造多样化的社区景观

在当前环境恶化及城市空间单调雷同的大背景下，设计师往往会通过增加景观要素的多样性来达到提高城市景观多样性的目标。然而，Bo01 社区的总体规划则吸取了中世纪欧洲城镇的建设经验。在这些城镇中，市民的住宅及房前屋后的私家花园都经过独立设计和建造，创造了高度的城市空间多样性和景观多样性。规划师可拉斯·丹在 Bo01 社区总体规划中采取了多设计师参与的方法，规划将整个场地开放空间划分为四部分，由 4 组共 16 位风景园林师进行设计，从而营造出 Bo01 社区丰富多彩的景观环境。

5.5　美国巴尔的摩内港改造

5.5.1　改造的背景与概况

1. 内港历史背景

巴尔的摩是美国东海岸马里兰州最大的城市，是大西洋沿岸重要的海港城市，其主要港口分布在切萨皮克湾西岸的帕塔普斯科河河口附近，从这里经过海湾出海到辽阔的大西洋还有 250 千米的航程，但由于港口附近自然条件优越，切萨皮克湾又宽广，航道很深，万吨级远洋轮可直接驶入巴尔的摩港。从自然条件看，该港是一个无须人工防护、水静波平的天然良港。1785 年，约翰·道耐尔船长驾驶的"拉斯号"从广州起锚，把茶叶、瓷器和绸缎运往巴尔的摩。1833 年，著名的"安·麦金号"帆船下水航行，使美国的海上贸易闻名全球，巴尔的摩港发展达到巅峰时期。这个港口向来是美国五大湖区、中央盆地与大西洋上联系的一个重要出海口。

2. 内港衰落的原因

水与城市之间的不解之缘可以溯源到城市产生之初，早期的大城市往往与大港口是有密切联系的。在北美，铁路出现之前崛起的城市几乎都位于航道之上，巴尔的摩便是最早兴起于大西洋沿岸的海港城市之一，城市滨水区是城市中最有活力的地段，对整个城市具有举足轻重的作用。然而，从 20 年代开始上述港—城关系发生了巨变，大吨位货轮开始抛弃内港转而停泊下游海港码头，内港的重要性日趋削弱。二战后，随着中产阶级向郊区迁移，市中心区及其邻区开始衰落。同时，由于工业技术的发展和经济结构的转型，港口对城市的重要性有所下降。原城区内一度密布船坞、码头、仓库的滨水地带因港口活动外迁而遭到了废弃。

3. 内港改造的契机

战后欧美国家从制造业经济向信息和服务业（休闲、娱乐和旅游）经济的转化导致了一系列新功能空间在滨水区的出现，包括公园、步行道、餐馆、娱乐场，以及混合功能空间和居住空间。具备这类特征的更新与重建工程于 60～70 年代在巴尔的摩开展起来。70年代，北美城市滨水区的复兴即已取得成果，欧洲城市滨水区的再开发到 80 年代成为引人关注的现象，最著名的有伦敦的多克兰和利物浦的码头区、马塞的维约港等。此外，澳大利亚、东亚都不乏令人瞩目的滨水区再开发的实例。

5.5.2　改造的策略与模式

1. 内港改造的流程

巴尔的摩市中心区的复兴计划与内港的复兴计划紧密相连。首期开发项目查尔斯中心于 1963 年完成规划。一年后，内港复兴计划出台。为负责这项再开发项目，采取公共部门与私人部门合作开发的模式，成立了查尔斯中心——内港管理有限公司。城市当局购买了这块土地，并进行了清理，然后再出卖地块。除保留少数几个码头的旧貌外，开发商基本遵循"推倒一切重新来过"的原则。他们设想在此兴建一个由公寓、旅馆、办公楼环绕的，吸引购物者与旅游者的商业中心，最终建成了 40 万平方米的零售店、300 幢公寓和旅馆、科学博物馆及水族馆的综合游憩商业区。其中，零售业多位于近水处，同时混建大量的游憩与文化设施，如水族馆。而容纳了食品店、专卖店、画廊和咖啡店的充满活力的市场—港口广场，更是成为其画龙点睛之笔。水滨还修建了风景优美的步行道和宽阔的广场，南边是住宅区，北边可见市中心区的天际线，西边则是会议中心和一些新的高层公寓与旅馆。虽然目前内港的魅力逐渐衰退，但不可否认，该滨水区的再开发已大获成功。仅 1990 年，就有 700 万游客光顾了内港，消费高达 8 亿美元。90 年代中期，港口广场一年吸引的游客与居民高达 1 800 万人。查理斯中心与内港合在一起，一年创造的房地产税收高达 2 500 万至 3 500 万美元，产生的新职位达到 30 000 个。

2. 内港改造的开发模式

巴尔的摩内港采用的开发模式是由联邦政府和市政府买入滨水地带土地，建造基础设施，进行开发前期准备，然后将"熟地"卖给开发商，由私人资本进行建设。同时，由政府指定的公共机构，如城市的港区委员会与其他相关的私人机构和非营利机构通力合作，共同完成滨水区的开发。

3. 内港改造的具体手段

（1）注重亲水空间的创造。

亲水空间的营造就是要重建人与环境的亲密关系，使都市生活中的水文化得以再生。美国巴尔的摩内港的开发规划，就突出了以水为主题的设计概念，为人们最大限度地提供了看水、近水、亲水的设施与条件。规划以环绕水面的"U"字形宽大的滨水游步道为纽带，将内港的各活动场所联系起来，使滨水环境成为市民大众共有的空间（图 5.5）。

图 5.5　巴尔的摩内港区室外景观

资料来源：www.baidu.com

（2）重视滨水空间的可达性。

所有的人，包括行动不便者，均可步行或通过各种交通工具安全抵达滨水区和水体边缘，而不被道路或构筑物阻隔。当交通干道穿越滨水地区时，往往会形成许多支离破碎的空间，并阻断其与城区的联系。为了保证游人安全、便捷地抵达滨水空间，倾向于采用人车分流的方式。尤其对于规模较大的滨水区域，需要有快速交通的支持时，更应确保步行者的权益。内港改造充分体现了这种"以人为本"的理念，规划将整个港区完全建成步行区，并进行了详尽的环境设计，而将穿越该区的城市干道与轻轨进行高架处理。

（3）强调商业和旅游业的活力。

以商业、旅游业为主题，吸引游客和本地顾客，在商业中心周围布置住宅、旅游设施和办公楼。在项目布置上，最接近水面的是大型购物中心、休憩绿地和广场以及旅游设施（海洋馆、战舰展览、游艇中心、音乐厅）。

5.5.3 改造的重点项目

1. 港湾市场

港湾市场位于巴尔的摩内港湾的中心地带，坐落在内港海滨散步道旁，于 1980 年落成使用。其两翼是造型独特的帐篷式的购物中心、餐厅、酒店和游戏场地，是混合使用的功能区域。港湾市场的室外活动空间均临近水面，可以为人提供一个充分享受海景的机会，实现海景最大化利用。

2. 旧电厂

这个废旧的电厂经过精心改造后，变身成为一个书店。整个建筑至今还保持着发电厂原有的红色砖砌外形，甚至保留了四根醒目的烟囱。如今，这座上百年的建筑已成为巴尔的摩市的标志性建筑，成为展示美国工业文明历史、彰显现代商业时尚的经典，每年都吸引着世界各地的游客前来参观。

3. 水族馆

巴尔的摩国家水族馆是一座公立水族馆，位于美国马里兰州巴尔的摩内港地区东普拉特街 501 号，于 1981 年正式使用，每年有 160 万人光临。该水族馆由巴尔的摩市政府投资 2 100 万美元建成。水族馆分成两座建筑：观赏各种水生物的一座是个完全封闭式的多层建筑；另一座是供海豚表演的剧场和游人休息吃饭的场所。两栋建筑中间由架空的封闭式走廊连通。巴尔的摩水族馆的建成，成为该城内港建设的里程碑，使该城充满海洋生活的特色，其外形使人联想起帆船和轮船的形象。

4. 高档住宅

近水的高层公寓能提供私人游艇码头、水上运动俱乐部等设施，借助于专业人士的良好社会声誉，这里的住宅区已成为中产阶级认可的"高档住宅区"，带动整个片区的品质和消费能力。

5.5.4 改造后的显著效果

经过 25 年的建设，巴尔的摩老港区的功能和面貌有了巨大改观，取而代之的是崭新的城市功能和景观。政府机关、银行公司的办公楼群，旅馆酒店，会议中心，科技馆，零售商店，餐饮服务，文化娱乐设施，以及国家水族馆相继建成。为了不断增加中心区的新鲜感，还建立了巴尔的摩棒球队、篮球队，以提高地区的知名度。"无烟工业"吸引了国际旅游者，增加了政府的税收。

1. 中心区再现活力

内港区的成功改建，还解决了城市中心区功能衰退、人口减少的问题，城市功能的恢复和更新，产业的转型和结构性变化，使中心区创造了新的产业，提供了 3 万个永久性的就业岗位。新的城市功能景观也吸引了每年约 700 万的游客。

2. 创造新的城市形象

为了提高内港城市建设的质量和优化环境景观，设计师建设临水开放空间作为公共活动场所，设置了大量的绿化广场。水边建筑除世界贸易中心外不超过 5 层，第二层次的建筑高度不超过 15 层，这种从四周向中间水面跌落式的建筑控制形成了开放的城市空间，也提高了环境质量，增强了居民的归宿感。

3. 规划协作

巴尔的摩城市开发公司作为非营利的民间组织，与政府规划部门协作，组织实施内港地区的重建规划。为提高规划水准，开发公司筹资 25 万美元，聘请优秀的规划师编制规划，经政府批准后实施，作为改建的依据。在规划指导下进行建筑设计，建立了由麻省理工学院等一流的专家教授组成的建筑设计评选委员会，评选优秀公共建筑奖。规划部门严格的规划管理、开发公司对建设质量的追求和在建设目标上的共识，保证了内港区重建的成功。

5.5.5 改造后存在的问题

1. 城市肌理的破坏

城市滨水区再开发能否保持、延续原有的城市肌理，并妥善保护、开发历史遗迹，可谓至关重要。由于 60 年代建设期几乎将巴尔的摩旧港的原有设施与环境破坏殆尽，因此改造遭到了众多的批评。过于商业化的、"布景"式的建筑使滨水区具有游乐场或迪士尼乐园的气息，而缺乏城市应有的真实感与历史感，改建后的滨水区完全改变了原有街道的尺寸，导致了城市历史文脉的断裂。

2. 交通车道的割裂

在巴尔的摩，为追求高效率的交通便捷，数条车行道穿过城市中心，滨水区也被车行道所环绕，人为地从物质设施和视觉两方面将滨水区与城市其他部分隔离开。该滨水区在普拉特街和莱特街上方修建了仅有的一座人行天桥，但并未使步行者感到方便或舒适。

3. 景观规划和景观设计相脱节

缺少从整体规划布局和城市设计出发的安排和控制。开发商各自为政，只考虑所属地块内的建筑形式和功能组合，忽略了用地范围以外的城市脉络以及相邻地块的开发情况，这些导致了水与城的关系脱节。同时，城市滨水公共空间被围墙与栏杆割裂得支离破碎，而相邻地块间的用地，成为无人管理的"失落空间"，破坏了城市形态的完整性与连续性。

5.6 本章小结

本章重点介绍阿姆斯特丹东港区、水城舒特海斯酿酒厂、英国卡迪夫湾内港工业区、瑞典马尔默西港、美国巴尔的摩内港等改造项目，从改造背景、实施手段、规划理念与设计方法等方面对滨水工业区改造为居住、商业和混合功能的案例进行分析。

第6章 改造为开放空间与公园的案例分析

6.1 纽约哈德逊河公园

哈德逊河是美国纽约州的一条河流，发源于阿迪伦达克山脉云泪湖，向南一路延伸至纽约湾，最初由英国东印度公司的探险家亨利·哈德逊在 1609 年发现，是美国独立战争中一条具有重要战略地位的河道，而后经历衰落，最终成为纽约市继中央公园后最大的河滨公园，占地将近 550 英亩（1 英亩合 4 046.86 平方米）。哈德逊河沿岸至今仍然保留了许多工业遗迹，包括哈德逊线（纽约中央铁路系统的局部遗留）、西点军校、波基普西大桥、史蒂芬斯理工学院、奥西宁惩教所、哈德逊河咖啡馆、运输码头和仓储设施等。

6.1.1 改造背景

1. 纽约滨水地区复兴法案与计划

纽约市的水域面积超过 400 平方千米，并拥有长达 930 千米的水岸线资源。随着经济发展模式的转变和后工业化过程的到来，许多滨水工业地带日益衰落并产生了大量荒废弃置的码头、厂房和空地。

20 世纪 60 年代开始，纽约市陆续开始了滨水工业地带的复兴工作，并一直不断完善与发展。1981 年，在联邦沿海区域法案（Coastal Zone Management，CZM）的指导下，纽约州通过了滨水地区复兴及海岸资源法案。法案中包括 44 条关于滨水地区的政策，并为市政当局提供了基于当地实际情况的滨水地区复兴计划。纽约的滨水空间复兴计划在 1982 年启用，一直沿用至今，是纽约州海岸管理计划的一部分，也是滨水地带更新和复兴的主要管理依据。

开放空间的塑造是纽约滨水空间复兴计划的重要组成部分，也是滨水工业地带更新的重要手段，更是协调人与自然关系最有效的方式。绿色开放空间在城市与水域之间形成良好的衔接地带，改善了区域生态环境，满足了人们进行户外休闲和场所感知的需求，使城市中不同阶级的人群和谐共处，共同感受水岸生活的魅力。

2. 哈德逊河

哈德逊河是纽约州的经济命脉，也是联邦最重要的航道之一，在工业时期的全美经济发展中扮演了不可替代的角色。河岸的工业地带有着大量的码头和厂房设施，随着航运需求的减少而呈现出衰落的状态。哈德逊河公园的规划设计以一条高架公路（9A线）开始。1937年末，一场交通事故引起这条高架公路的局部塌陷。在这段车行道关闭后，人们将它改造为娱乐空间，如在上面慢跑或者滑冰等。

1986年，西部特别工作组开始为公路的重建和滨水区的开发进行规划设计，工作组建议西部公路改成一个六车道的林荫道，目的是建立一个连续不断的人行道、自行车道，以及其他宽敞的公共散步区。

随后，在1988年和1992年，纽约先后成立了西部滨水区专门小组和哈德逊公园管理局，在1994年成立了由城市规划师、结构工程师、经济顾问及艺术家和历史学家等人员构成的专业团队，全面展开了滨水地带的开发融资和规划建设工作。

6.1.2 改造实施

1. 改造主体

1992年，纽约州和纽约市共同创立了"哈德逊公园保护机构"，作为规划和建造公园的组织。根据特别工作组重新开发利用公共码头以便娱乐使用，为其提供自行车道和人行道各一条，部分通过出租一些土地和码头给企业来筹集资金。这个改造计划的其他参与者包括市民团体、哈德逊河公园信托公司以及相关政府部门。

2. 资金来源

最初公园的投资是通过州立法后，由政府下拨的2亿元启动资金。但在哈德逊河公园的建设过程中，资金是一个持续存在的问题，所以州和市的资金拨付不仅仅通过哈德逊河信托公司的推动，而且通过联盟的继任组织"哈德逊河公园之友"的帮助。因此，在最初的政府投资之后，项目又获得了2亿美元资金。

3. 改造过程

（1）历史沿革。

"哈德逊公园保护机构"成立后，引发了许多争议。一些人认为公园不会让被遗忘的和生活在社会边缘的人受益，如同性恋者和无家可归者。"哈德逊河公园保护机构"在没有任何建设基金的承诺下，与昆内尔·罗斯柴尔德及席涅·尼尔森设计事务所的设计团队一起提出总体规划方案，包括 13 座码头和 5 个街区。他们与 3 个社区委员会合作，共举办了 150 多次公开会议，以引起社区的关注并听取意见。

1995 年，由于反对意见和官方的漠视导致公园的投资和建设受挫。"哈德逊河公园保护机构"开始将切尔西码头出租给各种不同的使用者，如一座运动中心和高尔夫练习场。

1998 年，纽约州立法机关通过了哈德逊河公园开发法案。这一具有里程碑意义的法案正式划定了公园的建设区，并建立了哈德逊河信托基金来继续推进公园的规划、建设、管理以及经营工作。该法案包括对公园的整体性质、生物多样性保护、历史文化感知、建设活动以及商业设施等多个方面的规定。此后不久，哈德逊河公园被官方正式立项，2 亿美元预算由哈德逊河公园信托公司管理，委员会与有土地管辖权的 13 所机构合作（包括美国陆军工程兵团、运输部、联邦环保署、海岸警备队和纽约州环境保护部等），逐渐落实了公园的规划。

（2）分区开发。

哈德逊河公园是一个带状绿地，按照与城市界面的衔接从南到北划分为 7 个区域：巴特里公园城市、特里贝卡、格林威治村、肉类加工区、切尔西、海上娱乐区和克林顿街区。绵延几千米的公园至今已经持续建设了十几年。

格林威治村是最先完成的部分，该区的建设开始于 1999 年，主要是对高地和码头的建设，并于 2003 年落成；随后是 2005 年的克林顿街区和 2006 年的 66 号和 84 号码头；哈德逊河信托基金会又完成了 40 号码头的球场庭院和切尔西滨水游乐场；2010 年，进一步开放了位于切尔西和特里贝卡的四座码头和新的高地区域；至 2011 年，公园已经完成了 70%的建设，逐步形成了连续的绿色空间。

6.1.3　改造方案

1. 规划理念与设计元素

滨水地带确定作为公园开发的面积为 2.2 平方千米，南到巴特里公园（Battery Park），北至克林顿街区的 99 号码头，计划创造一个连绵 8 千米的绿色开放空间。公园的规划和设计可以总结为 3 个单元，分别为结构元素、规划主题及景观设施。

（1）结构元素方面，在完成西部高架公路（9A 线）重建的基础上，结合城市林荫道和河岸线改造，建立自行车道、步行道以及连续的河畔散步区等亲水性城市慢行体系。哈德逊河管理局辖内的 34 座码头等工业场地和设施被规划为公共娱乐、海运、市政、商务等不同的用途。建设 10 处主要入口以便更好地与城市界面衔接，同时设置一个公园服务区和一个公共广场。沿河建立五处扩大的公园区域，分别位于 40 号码头、甘西沃特半岛区、62 号与 63 号码头、第 42 大街以及第 55 大街。

（2）规划主题确定为"边缘、渠道、运动和岛屿"，以唤起人们对独特场所的记忆。

（3）景观设施包含一系列服务性和观赏性的空间，满足了人们滨水休闲的多样化需求。

2. 整体绿带与区域公园

哈德逊河公园是纽约城市公园系统的重要组成部分，也是纽约绿道系统的核心区域。公园作为城市的绿色基础设施，穿越众多街区与地标建筑，把曼哈顿岛西侧的城市开放空间连成整体。高架公路西侧贯通南北的自行车道完成了城市界面的过渡与衔接，与滨水步行道共同构成城市慢行系统。公园内遍布各类主题休闲场地和游憩运动设施，如阳光草坪、亲水码头、户外球场、小型餐饮及宠物乐园等，为人们的生活休闲及儿童游乐提供了丰富的空间场所。

（1）格林威治村。

格林威治村部分位于 40 号码头到 51 号码头之间，由 Abel Bainnson Bulz 联合事务所设计，由于该部分是公园建设最早开始的地段，因此也被誉为纽约滨水区再开发的起点。公园管理局将 40 号码头的大型建筑进行改造并植入新功能，在保留停车空间的基础上将庭院和屋面设计成绿地，并在四周建立了人行体系（图 6.1）；伸入河道的三座码头形成了主要景观节点，并实现了人与水的充分互动。45 号码头原有区域向河中延伸了 299.7 米，以便更好地塑造亲水空间，上面开敞的草坪像浮在水中的绿岛，人们能在这"海岛"享受日光浴；北部的两个码头更加突出休闲活动的空间专属性，46 号码头提供了户外运动的场地，51 号码头则通过人造溪流及动物元素将游戏与科普相结合，被评为城市中最适合儿童活动的场所。

（2）切尔西河畔公园。

切尔西河畔公园位于 59 号码头到 76 号码头之间。其中 62 号码头到 64 号码头之间的区域被改建成哈德逊河绿带中最大的码头公园：切尔西河畔公园，由迈克尔·范·瓦肯伯格（Michael Van Valkenburgh）设计完成。公园大体上分成 3 部分：第一部分是南部的 62 号码头。它包含一个精致的入口花园以及一处为儿童提供乐趣的极限滑冰场，此外还有带覆土顶棚的主题游乐场。第二部分是中部区域，是由一片宽广的草坪和草坪上的条石构成的大片的开放空间。草坪以地形为基底，为人们的放松休闲营造出美好环境，同时，红褐色的条石和艺术石阵又勾勒出工业时代的特殊印记，唤起老人们的回忆。第三部分是北部的 64 号码头，建有 3 座绿岛，绿岛上的植物群落和围绕边缘的步行道为人们提供了连续的亲水空间，同时又丰富了岸线景观。

图 6.1 格林威治村屋顶设计

资料来源：bbs.zhulong.com

此外，在 9A 线与 11 大道之间、24 街以南的区域也是公园的一部分，由著名的 Thomas Balsley 联合事务所设计。设计者将 23 街转化为公园内的长廊，完成了切尔西与其滨水区域在空间和形态上的连接。切尔西河畔公园的北部是由运输署和信托基金会共同保留下来的铁路浮桥，它被赋予展览休闲功能，同时也保留了工业时代的印记。

（3）克林顿街区。

克林顿街区是哈德逊河公园管理局范围内最北端的部分，包括从 95 号码头到 99 号码头之间的区域，该区域集合了许多功能，包括视线开阔的草坪、皮划艇船坞以及公共雕塑等功能景观。此区域目前正在扩建，将与北部已建成的南滨河公园形成完整的绿道。

（4）C 码头公园。

C 码头公园位于新泽西州霍博肯沿着哈德逊河的滨江大道上，是滨水区域休闲开放空间的一部分。一个活跃的休闲码头设计能服务于各个年龄层的人群，C 码头代表了新一代的海滨设计，它具有休闲和游览功能。码头公园雕塑般的景观模拟了沿岸沙滩的形式，其内部空间展现娱乐性景观的独特性，并为不同年龄段的儿童设计了不同规模的空间，如操场分为学前游戏区域和学龄游戏区域。除了引入草坪日光浴和休闲游戏区域，水边还有足够的休息座位，公园提供游客体验接触海滨野生动物的机会（图 6.2）。

图 6.2　C 码头公园

资料来源：bbs.zhulong.com

6.1.4　改造结果评价

2008 年 9 月，"哈德逊河公园之友"发布了基于"区域规划协会"的一份调查报告，确认了区域的资产价值因为公园而提升这一事实。哈德逊河公园是纽约市继中央公园后最令人兴奋的绿色空间计划和建设最大的公园，在持续建设的十几年间获得了多项规划设计及项目管理的奖项，对于城市更新与人们生活品质的提高有重要意义。公园改变了滨水工业地带污染和衰败的状态并赋予了地块新的活力,成为美国东海岸城市绿道体系的核心区域。公园中一系列新建的绿地、休闲场地和运动设施以及在原有工业遗产基础上改造而成的场所,不但成为新时期生活的重要载体,还表达出了独特的时代记忆。

6.2 美国西雅图煤气厂公园

6.2.1 案例分析

1. 案例背景

1906 年,在美国西雅图市联合湖北部的山顶,西雅图煤气修建了一座主要用于从煤中提取汽油的工厂。1920 年,这家工厂转为从石油中提炼汽油。几十年来,附近居民不得不忍受工厂排放的大量污染物对环境造成的巨大破坏。1956 年天然气取代煤气后,工厂停产,废弃的精炼塔、厂房一直伫立在原地,场地经过长年的垃圾堆放和废料排放,已经变成了一个巨大的垃圾场和污染地,不仅极大地影响了西雅图港口的滨水景观,而且时刻威胁着附近居民的生活质量和身体健康。场地上的土壤由于受到了石油的严重污染,在工厂停产 14 年后,大部分地方还寸草不生。1963 年,西雅图政府试图把这一面积达 8 公顷、被人们称作"垃圾岛"的废弃地改造成一座公园。在面向全国学生的景观设计竞赛的 130 份方案中,只有景观设计师理查德•哈格的方案考虑保留工厂的精炼炉,而这也是他赢得此次竞赛的关键原因。公园拥有广阔的视野和绝佳的景观条件,从公园可以看到湖南岸的西雅图城市天际线的全貌。

2. 设计手法

长期的实践过程使得理查德•哈格认为,设计要结合自然,从自然中得到灵感,强调人与自然的和谐相处。对于后工业社会出现的环境遗留问题,他认为不应采取简单摒弃的做法,应避免单纯博物馆式的保留和推土机式的破坏,而应用积极的心态宽容地接纳它们,使之重归自然。

在公园中,哈格保留了场地上的景观,厂房和设施被重新利用,改造成餐饮、游戏和休息设施。生产车间被改造成游乐宫,里面的压缩排气设施被涂成亮丽的红、黄、蓝色。哈格重新规划了公园的道路结构,并对地形进行了处理,把石油分解塔脚下陡峭的山脉改造成缓缓探入湖中的缓坡。在公园西部,哈格设计了一个高约 15 米的土丘,高大的土丘顶部是一个巨大的金属材质的日晷。人们可以站在上面充当指针,通过读自己影子的位置来判断时间。平台和朝向湖面的斜坡在夏天很受游人欢迎。这里可以举办夏季音乐会,有风的时候在上面可以放风筝，还可以看日落和西雅图市景。公园内还有由混凝土、青铜、贝壳和石头等材料铺成的艺术作品，这种对废弃物质的再利用减少了物质、能源的消耗，体现了生态价值观。同时，工业设施和厂房被改建成餐饮、休息、儿童游戏等公园设施，这些被大多数人认为是丑陋、肮脏的工业设备，经过哈格的改造，重新获得了审美情趣、功能定位和社会价值，并为人们所接受（图6.3）。

图6.3　美国西雅图煤气厂公园的室外景观

资料来源：bbs.zhulong.com

在今天的西雅图，这个由工业废弃地改造而成的公园已经成为最受欢迎的休闲去处之一，各种各样的活动在这里展开，这一切都使人感到这片场地已被修复完好，获得了新生。

3. 技术支持

对于场地上的工业废弃物污染问题，景观设计师哈格没有采用单纯的化学方法或物理方法，而是主张用能净化污染物的微生物和植物来处理。公园内严重污染的表层土被铲掉，在土壤中加入了生物活性物质以及能对污染物进行分解的细菌，并种植了大片草地，通过植物和细菌的生物化学作用来消化半个多世纪积累的化学污染物。哈格在场地中选取典型地段进行土壤改良试验，得到了令人满意的结果。经过改良措施的土壤，在3个月后可以生长出各种花草。

4. 形成地标

对于场地内部原有的工业设备，设计师对其进行了有选择的删减。经过精心筛选，高大的石油分解塔被保留下来，成为公园的主要形象特征，锈迹斑斑的灰黑色外表暗示着已经结束的工业历史，强化了场所记忆。石油分解塔的高大轮廓与缓缓起伏的土丘形成强烈对比，吸引众多游人来到最高点，欣赏公园全景和远处的城市天际线。

6.2.2　分析评价

在西雅图煤气厂公园中，理查德·哈格意识到工业遗存的价值，并第一次将大机器工业的美学价值在景观设计中进行了展现，这给后来的城市后工业公园设计提供了一条新的思路。在规划设计过程中他提出了实验研究的方法，以保证对现状基地和原生资源再利用的科学合理性。而对于土壤问题则是在基地旧址上，采用生物恢复技术的方法来处理。

美国西雅图煤气厂公园开创了后工业城市公园设计的先河，也代表了 60 年代兴起于美国的环境保护主义和生态主义原则理念的新的美学标准和景观价值体系。它强调资源的再生利用，根据"少费多用"的原则发挥废弃工业设施的潜在价值。更重要的是它改变了人们对于废弃工业设施的态度，在工业废弃物审美问题上确立了新的价值观。但是，西雅图煤气厂公园对于工业设施的利用仍然是象征性的，工业遗迹主要作为场地的纪念物被保留下来，更多的是一种工业雕塑式的展现，没有进行合理的功能转化。

6.3　美国西雅图奥林匹克雕塑公园

6.3.1　改造背景

西雅图位于连通太平洋的普吉特海湾和华盛顿湖之间，是美国西北部地区的重要贸易港，同时也是通往阿拉斯加和远东航空海运的门户和金融中心。西雅图奥林匹克公园位于西雅图滨水区，是在一片被铁轨和公路分割的工业遗址上结合现有的基础资源进行开发建设的公共空间，它将市中心和复兴的滨水地区相连接，使这一地区重新焕发生机与活力。对西雅图而言，这个城市雕塑公园作为一种新的开发模式，是市中心滨水区工业遗址再利用的里程碑。

6.3.2　改造方式

1. 改造主体

（1）政府。

美国经济形势的不稳定限制了由开发商主导的商业活动的规模，致使大型开发项目进程缓慢。另一方面，由于区域中其他力量的制约，政府部门始终没有系统详细的规划定案，使开发项目缺乏稳定的政策支持。

（2）公众诉求。

西雅图奥林匹克雕塑公园建设过程中，公众诉求主要体现在两个方面：一方面是大众对滨水公共空间的需求——良好的地理位置，优厚的自然条件使得如何将优势在改造中加以充分利用和放大成为人们强烈的诉求；另一方面体现在当地居民对生态环境、公共服务设施的进一步完善等基本生活环境的诉求上。公众诉求被看作区域复兴中物质和经济活动的基础，在政府决策中具有很大影响力。

（3）财团支持。

西雅图的繁荣要归功于微软、亚马逊以及星巴克等公司对当地经济巨大的推动作用。这些公司的高层们表示富裕起来的并不只是在这些公司工作的人，广大的民众也应通过对公司的投资获得极大的收益。在这些公司的鼎力支持下，博物馆的资金和占地都不再成为问题，并且不以营利为目的，将向公众免费开放。

回顾雕塑公园建设的历程，几种力量之间存在不同出发点，常导致矛盾冲突但又在相互协调中形成一致。社会资金和力量的介入在过程中成为主导力量，不仅源于其自身灵活、易操作等特征，更重要的是它们架构了广泛的内部合作网络，并尝试建立与土地所有者及政府间的合作模式。尽管这些模式有不成功的地方，但它们给城市复兴带来重要的启发，通过建立合作平台，将问题转化为发展契机。西雅图城市管理部门和各类城市设计研究机构中的政府及设计人员展开广泛的讨论，研究如何将活动多样性和开发商的资本力量结合起来，将冲突化解为城市发展的积极因素。

2. 相关政策法规

1966年10月，美国国会正式颁布"国家历史保护法"（The National Historic Preservation Act of 1966，NHPA），它是美国关于工业遗产保护与研究的最主要联邦法律。依照各项历史保护法律建立了各级的组织机构，包括联邦政府、州政府及地方政府级别的保护机构。与此同时，民间机构以及社区组织也纷纷成立，这其中包括了全国性的民间机构，也有社区性质的社团组织等。

工业遗产保护相关法律构建了美国的工业遗产保护体系的基础，而联邦—州—地方政府的3层行政体系基本构成了美国工业遗产保护体系的政府组织体系。另外如美国历史保护国家信托组织一样的全国性专业的非政府组织、众多的民间组织和社区组织，共同构成了美国工业遗产保护体系的民间组织体系。而民间机构在美国工业遗产体系的实践工作中发挥的实际作用更多，因为它们直接面对大量的工业遗产。联邦政府与州政府以及各级地方政府往往扮演的并不是直接干预工业遗产保护的具体实践活动的角色，更多的是研究采取一些间接的措施，如通过法律和经济手段引导民众参与工业遗产保护活动、创造机会对公众进行工业遗产保护的宣传与教育、在社会营造工业遗产保护的舆论氛围等。这些机构共同推动对为美国工业、社会、经济发展做出过贡献与努力的工业遗产的保护。

6.3.3 改造目标与改造设计

1. 改造目标

（1）生态恢复。

原工业遗址对土壤、植被、水源等造成了严重的污染，在改造过程中生态恢复成为重要的环节。首先需要研究水岸线的生态状况，用以确定该区域的清理模式和选择最合适的生态系统类型。这一过程激发设计师将各种生态学要素融入新的设计中，从而对公众进行教育并使之了解该区域的自然历史同时达到改善调节生态环境的目的。滨水区工业遗址的恢复与开发过程包括：污染的缓解与及时补救、雨水管理、溪流和湿地的生态恢复以及生态栖息地的保护。

（2）交通整合。

在区域内，废弃的或现行的铁路、高速公路、各类管道、链式围栏、墙体都可能会成为快速到达滨水区的障碍。在为滨水区工业遗址做新规划时，需要考虑到这些障碍物的现状及潜力，以便将来对它们加以利用或重新布置，同时应给予它们历史的诠释，使得这些要素成为积极的因素。

（3）公共服务。

该工业遗址特殊的地理位置决定了其在公共服务中的地位。要成功地复兴一个滨水区，就要使其与周边的工业生产、商业开发、交通集散、游憩活动、公共基础设施配置、行政机构、教育机构以及居住区等完美的协调和融合。工业遗址场地能够与各种不同性质的场地完美的共存，充分满足公众的诉求，才能为滨水区注入长久的生命力。

2. 改造设计

（1）深度挖掘潜力的场地设计。

项目基地位于西雅图最后一块未开发的滨水地区，是一片被铁轨和公路分割的工业棕地。设计师充分利用从市区到水边 40 英尺（1 英尺合 0.304 8 米）的高差变化，整个设计采用一个不间断的"Z"字形"绿色"平台，将三部分连成一体。这个"Z"字形平台为复杂的地形提供了新的步行基础设施，参观者可以通过这个"Z"字形平台从高速公路和火车铁轨进入公园中，同时可以看到一系列连续性的雕塑景观。这条"绿色"平台，从市区一直向水域延伸 40 英尺，将 3 块项目开发区、铁轨及公路紧密地连成一体。

为了处理好原有场地的高差，设计师规划创造一个动态的连接，让参观者能够便捷地到达水边。其主要步行路线由 18 000 平方英尺陈列厅开始：第一条道路穿过高速公路，参观者可以在最好的角度欣赏奥林匹克山；第二条则跨过火车轨道，使参观者既可以欣赏城市风光也可以瞭望周边的风景；最后一条则直接通向海边，这个步行系统让参观者可以自由地穿梭于城市和被恢复的海滨之中，欣赏美景。巧妙的设计手法将基地与海滨紧密地结合在一起，同时串联起各个景观要素，形成有机的整体。

（2）生态设计。

对于旧工业区改造和利用，如何逐渐平衡和改善本区域受到污染和破坏的生态环境是重要的环节。在建设西雅图奥林匹克雕塑公园前，从基地上移走了超过 12 万吨被污染的土壤，再用清洁土壤以一种新的地貌形式来覆盖剩下的石油污染土壤，这些清洁土壤大部分是从西雅图博物馆工程挖掘而来的。这个再利用案例成功地活化了城市闲置空间，改变了基地的表层，缓解了原土壤污染严重的情况，改善了生态环境，并随着生态调节逐步发挥涵养地下水源的城市绿地功能（图 6.4）。

图 6.4　西雅图奥林匹克雕塑公园生态设计

资料来源:bbs.zhulong.com

（3）艺术设计。

改造后的公园为大众提供了绝佳的教育机会和艺术观赏机会，尤其是该地区丰富的社会和文化遗产，能鼓励艺术家和当地政府通力合作，创造出吸引大众的艺术作品，以促进滨水区的场所感。西雅图奥林匹克雕塑公园作为开放空间面向广大公众，展示大量的当代艺术作品，更像是一个露天博物馆。作为"艺术景观"，西雅图奥林匹克雕塑公园在博物馆墙外空间，为现代艺术阐释了一种新的体验。这种地势多变的公园为设置不同尺度的雕塑提供了多种背景。这些雕塑景观对艺术与环境的融合做出了全新的阐释，重新修复艺术、工业景观与城市生活的断裂关系。

6.4　美国纽约布鲁克林大桥公园

6.4.1　改造背景

纽约的水岸线长达 836 千米，地貌丰富，包括自然的沙滩、湿地和高度开发的居住区以及码头等。2011 年飓风艾琳（Irene）和 2012 年飓风桑迪（Sandy）对纽约造成了极大的破坏，促使水岸弹性策略的研究应用成为水岸建设的重要部分，其中布鲁克林大桥公园、布朗克斯水岸公园、哈德逊水岸公园等都是比较成功的案例。

布鲁克林大桥公园位于东河东畔，从曼哈顿大桥北面的杰伊街（Jay street）向南延伸，穿过布鲁克林大桥，直到南面的大西洋大道，绵延 2.0 千米，面积为 34 公顷，公园基地原本为用于散杂货运输和存储的工业码头。20 世纪后半叶以来，航运吨位的提高和大型集装箱运输的普及使得纽约的港口码头由哈德逊河与东河的浅水岸向新泽西州的深水地带转移。在纽约水岸空间复兴计划（New York City Waterfront Revitalization Program）的促进下，萧条的布鲁克林水岸地带于 2002 年开始改造为水岸公园的计划。2008 年，公园开始建设，目前已经开放了码头 1、2、5 及大部分岸上场地，并于 2016 年全部完成。

6.4.2　改造方式

布鲁克林大桥公园发展委员会（Brooklyn Bridge Park Development Corporation）成立以进行公园的规划建设和维护运行。2004 年，迈克尔•范•瓦肯伯格景观设计事务所（Michael Van Valkenburgh Associates）受其委托进行公园的设计。

布鲁克林大桥公园采用了一种新型的自维持的经济运营模式。其预计建设资金约为 3 亿 6 000 万美金，其中 8 500 万美金来自纽约及新泽西州港务局，1 亿 6 200 万美金来自纽约市，剩余的建设和维护资金则由公园自理。与纽约其他水岸公园的限制场地内房地产开发的政策不同，布鲁克林大桥公园场地内住房和商业房的开发本身就被纳入了公园的规划建设。房地产开发在深入地分析后进行，以保证能用最小的开发面积维持公园充足的资金来源。最后小于10%的公园面积被用于开发，建成438套公寓，6 700平方米商业空间和可容纳600辆汽车的停车场等。作为回报，公园的建设维护资金将从公寓楼缴纳的公园维护费、公寓所有者缴纳的税收以及开发商销售所得中提供。另外，开发场地选在了原先码头仓库的位置，并尽量靠近城市一侧，尽量减少对公园的影响，同时起到连接城市与公园的作用。

6.4.3 改造目标与改造设计

1. 地形

根据纽约100年泛洪区地图，公园整体地形被抬高，码头甚至被抬高了9.1米。同时，公园采用分层布置的设计手法，电力设施、道路、亲水平台等被设置在不同的泛洪区。另外，多重的土丘系统能起到缓冲波浪冲击、保护周边社区的作用。除此之外，迈克尔·范·瓦肯伯格景观设计事务所（MVVA）还根据预测的2045年上升的海平面高度2.4米，将植物根系的种植高度提高到了2.4米以上。

2. 驳岸

设计改造后，布鲁克林大桥公园1 200多米的垂直驳岸被改成了抛石驳岸。抛石驳岸与传统的垂直驳岸相比，碎石间的缝隙能够允许海水通过，从而受到的直接冲击力变小，多层的碎石以几何级数的增长方式很好地吸收海水的冲击力，因此抛石驳岸也不易毁坏，更加稳固（图6.5）。

图6.5 美国纽约布鲁克林大桥公园

资料来源：bbs.zhulong.com

3. 设施

公园在桑迪飓风中主要遭受破坏的部分是电力设施，飓风发生后低处的电力设施被淹，公园照明系统出现故障。因此，灾后公园的重建吸取这一教训，将电力设施移动到高处，同时还拓展太阳能照明等。另外一些重要设施，如具有纪念意义的简氏（Jane's）旋转木马被安装了水围栏（Aqua Fence）装置，能够确保其以后免于被洪水淹没。布鲁克林大桥公园的码头柱是由纽约与新泽西州港务局在 20 世纪 50 年代建造的，长年在海水和真菌的腐蚀下已脆弱不堪。公园更新建造时用水泥做成防护套加固了 1 900 根码头柱，这不仅使其在桑迪飓风中免受破坏，而且起到了保护公园的作用，如今作为公园的一个独特景观也吸引了很多摄影爱好者常年驻足。

6.5　本章小结

本章重点介绍滨水工业区改造为开放空间与公园的案例，包括纽约哈德逊河公园、美国西雅图煤气厂公园、美国西雅图奥林匹克雕塑公园、美国纽约布鲁克林大桥公园，分别从改造背景、改造方式与设计方法等层面进行了深入分析。

第7章 工业遗产使用后评价的案例分析

本章采用使用后评价的研究方法,从使用者的角度入手,对杭州桥西历史街区中的滨水工业遗产改造再利用进行系统的、科学的使用后评价,综合分析使用者的评价结果,总结桥西滨水工业遗产改造的成功经验以及存在的问题。

7.1 研究背景

7.1.1 案例背景

桥西历史街区位于杭州市拱墅区,因位于著名历史建筑拱宸桥的西侧而得名,街区北起通益公纱厂地块,南临登云路,东临京杭运河西岸,西临小河路,面积约 7.79 公顷(图7.1)。这是体现杭州市清朝末年、民国初期以来独特的建筑文化、传统生活文化以及近现代民族工业文化的典型历史街区。

图 7.1　桥西历史街区现状平面图

拱宸桥始建于明崇祯四年（1631 年），桥长达 98 米，连接运河东西两岸。随着中国近现代民族工业的兴起，在 1889 年，杭州通益公纱厂在桥西历史街区北侧建立，随后又在如意里建立了经世丝厂。由此，桥西历史街区中部分片区成为工厂工人居住的主要区域，并在街区内主要的街道上形成了相应的商业配套设施。

1895 年，随着中国在甲午战争中的战败，桥西历史街区一带一度被划作日本租界区域。新中国成立后，借助京杭运河便捷的水上运输功能，大量的工业厂房、仓库相继出现在桥西历史街区。2000 年以后，杭州城市化进程加快，主城区不断扩大，桥西历史街区由早期的城市边缘区演变成市中心，加上街区周边道路交通体系的不断升级，南北侧的登云桥与大关桥的建成，使拱宸桥与街区内道路的交通功能不断弱化。此外，杭州市"退二进三"政策的推行，也使街区内传统工业逐渐衰落，整个桥西历史街区进入更新调整阶段。2007年 10 月桥西历史街区在杭州市政府的主导下，进入更新阶段。更新设计以保护街区传统风貌为原则，对街区内传统民居建筑进行分类整治，通过部分改善、拆除、保护的方法进行整体更新，以改善居住环境，并对历史街区内的基础设施进行升级改造。

对街区内遗留的旧工业建筑进行评估，将具有历史价值且结构相对完整的旧厂房进行保留改造设计，充分结合桥西历史街区现状产业发展进行功能定位，将旧厂房进行功能置换，改造为完善历史街区旅游休闲功能的国家级博物馆群及部分创意产业空间，形成独具特色的运河艺术文化区域。

目前，桥西历史街区在杭州市政府打造运河工业遗产旅游的政策下，转变为以居住、休闲、传统文化传播为主，集创意产业、工业遗产风貌展示于一身的多元化综合性历史街区（图 7.2）。

(a) 桥西直街街景　　　　　　　　　(b) 桥弄街街景

图 7.2　桥西历史街区现状街景

随着杭州市市区不断扩张和"退二进三"政策的推行,杭州市政府开始对桥西历史街区中的滨水旧工业区进行更新。通过对旧工业建筑进行价值评估,拆除无价值的工业建筑、设施,保留具有价值的旧工业建筑、生产设施等,如通益公纱厂、红雷丝织厂等(图7.3)。

(a)通益公纱厂改造前   (b)红雷丝织厂改造前

图7.3 保留的工业遗产旧貌

图片来源:http://www.artnews.cn/artenws/gnxw/2011/0407/137566.html

2009年杭州开始对桥西历史街区内保留的通益公纱厂、红雷丝织厂等旧厂房,先后分两期进行保护与再利用,结合桥西历史街区产业功能特点,将其改造成为展示传统工艺、民间技艺以及现代工艺的工艺美术博物馆群,并局部融入创意产业和休闲旅游功能,成为传承文化、展现现代工艺科技的休闲文化街区(表7.1)。

表7.1 桥西滨水工业遗产再利用现状

工业遗产	改造后功能	保留建筑面积/m²	新建建筑面积/m²
土特产仓库	中国刀剪剑博物馆、中国伞博物馆	6 836	10 332
通益公纱厂	中国扇博物馆、手工艺活态展示馆、创意产业	9 194	7 457
红雷丝织厂	中国工艺美术博物馆、创意产业	15 115	4 523

目前,由桥西滨水工业遗产改造后的工艺美术博物馆群(图7.4),主要以传播展示中国传统金属工艺为主,如刀、剪刀、扇等制作技艺的历史演变,每个展馆主题鲜明、各具特色,成为工业遗产保护再利用、传统技艺文化传承以及公共服务主题为一体的运河文化博物馆聚集区。

（a）工艺美术博物馆群鸟瞰

（b）中国刀剪剑博物馆

（c）中国工艺美术博物馆

（d）中国扇博物馆

图 7.4　改造后的杭州工艺美术博物馆群

7.1.2　使用后评价的必要性与可行性

1. 必要性

桥西滨水工业遗产改造再利用虽然取得较为成功的社会反响和经济效益，但仍然存在一些问题。目前桥西滨水工业遗产改造，主要反映了从政府决策者与设计师的主观设计意向到实施的一个过程，缺乏使用者对改造后使用情况的设计反馈机制。通过使用后评价方法从使用者身上了解桥西滨水工业遗产改造后优缺点的真实情况，能更加清晰地发现一些设计师在改造设计过程中忽视的细节问题，以使用者对建成环境的评价反馈作为将来桥西滨水工业遗产改造优化提升的依据。

2. 可行性

对于建筑、空间环境等使用后评价的相关理论，国内外已有较多的研究成果，在本书进行桥西滨水工业遗产再利用的评价研究时，可以提供重要的参考借鉴依据。基于使用后评价方法的特点，在建立一个科学、全面的评价体系的基础上，注重收集数据的严密性和可靠性，以及分析方法的科学性，通过随机对使用者群体进行问卷调查和访谈，将能更加客观地得出使用者对桥西滨水工业遗产改造再利用的直观感受，以客观事实数据反映出桥西滨水工业遗产改造再利用的成功与不足之处。

7.2 使用后评价体系构建

7.2.1 评价主体及评价体系构建方法选择

1. 评价主体选择

评价主体指的是目标评价对象的使用者。目前，桥西滨水工业遗产改造后的使用者，主要由外来游客和桥西历史街区内居民构成。根据实地调研访谈与观察发现，外来游客主要为旅游参观，而街区内居民则主要以日常早晚休闲运动为主，平时街区内以外来游客居多。因此，本研究以外来游客为评价主体。

2. 评价体系构建方法选择

在桥西滨水工业遗产使用后评价体系构建中，评价体系构建者的专业水平的高低以及对于桥西滨水工业遗产再利用现状情况的掌握程度都决定了评价因子的选择、评价指标权重赋值、评价标准的确定等过程的科学性、准确性，直接影响整个评价体系构建的合理性。

因此，需要选择合适的研究方法来协助构建评价体系，使整个评价体系构建过程更加有效、科学。本书在构建桥西滨水工业遗产使用后评价体系时选取的方法如下。

首先采用文献参考法，通过对工业遗产使用后评价的相关文献著作进行总结归纳研究，分析各工业遗产使用后评价体系中评价因子选取的类型、准则等，为构建桥西滨水工业遗产使用后评价因子集奠定理论基础。

然后利用预设指标法对已有研究的评价因子集进行归纳总结，并结合桥西滨水工业遗产自身特点来预设评价因子筛选集。

接着利用层次分析法原理，将桥西滨水工业遗产使用后评价体系构建这一复杂性问题简化，分解为多个层级，层层相扣，使得整个评价构建过程逻辑清晰、科学严谨。

最后依据数据统计分析法，运用 SPSS 统计分析软件对建立的评价因子构造矩阵数据，进行统计分析，得出几何平均值、矩阵最大特征根等数据，最终推算出各评价因子权重赋值。

7.2.2　评价体系构建

1. 建立评价因子集

（1）评价因子集确定流程。

桥西滨水工业遗产再利用评价因子的确定是评价体系构建的第一步。为了使评价因子的选取更具科学性，首先通过对相关文献的归纳总结，参考国内外学者已构建的工业遗产使用后评价体系，总结出相关学者选取的一般共性评价因子，并结合桥西滨水工业遗产自身的特殊性，预设出评价因子筛选集。以此为基础设计相应的调查问卷，对熟悉桥西滨水工业遗产再利用情况的专家和公众进行问卷调查。最后，根据评价因子选取的原则与问卷调查结果筛选确定最终的评价因子集（图 7.5）。

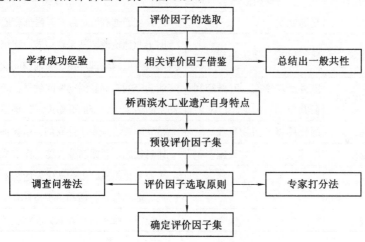

图 7.5　评价因子确定技术路线

（2）评价因子选取。

① 相关评价因子借鉴。

对于工业遗产改造再利用的使用后评价，根据评价对象的不同或者评价的视角差异，选取的评价因子也各有侧重。如洪清婧在工业遗址景观设计使用后评价体系中包含景观服务、景观设施、自然生态以及人文历史 4 个一级评价指标，24 个二级指标，主要针对交通、开敞空间、公共配套设施、植物景观、工业遗址保护保留、新建构筑与工业遗址的融合等提出相应的评价因子[65]。李睿在红砖厂改造再利用的使用后评价中建立的评价体系由物质层面、非物质层面两个层面组成，包含改造规模、街巷空间尺度、公共空间布局、交通便利性、旧工业建筑改造效果、与周边建筑风格的统一性、停车状况、公共设施布局及数量、园区卫生状况、景观绿化、功能业态、宣传管理、活动氛围等评价因子[66]。陈开伟在对上海旧工业厂房改造型创意园区的使用后评价体系构建中，评价因子由 4 个一级指标、24 个二级评价指标构成，主要针对建筑布局、道路交通、绿化景观、活动空间、公共配套设施、旧工业文化的表达等提出相应的评价因子[67]。

学者们在选取评价因子时具有一定的共性，主要体现在物质空间要素与精神层面要素两方面。物质空间要素包括道路交通、旧工业建筑的改造效果、外部活动空间、景观绿化、配套设施；精神层面要素主要体现在以人的内心真实感受去评价建成环境，包括管理服务、活动多样性以及工业文化的表达与延续等评价因子。形成以物质空间层面评价因子为主，精神层面评价因子为辅的评价因子集（表 7.2）。

表 7.2 工业遗产再利用评价的一般共性因子

因子	一级因子	同类相似概念	二级因子
物质空间要素	道路交通	交通状况	公共交通便利性、停车、内部交通、周边交通状况
	旧工业建筑	建筑风貌、建筑品质	旧工业建筑改造效果、与周边建筑风格协调性、建筑形象、室内物理环境、室内空间改造
	外部活动空间	室外活动空间、开敞空间、公共空间	活动空间布局、活动空间数量、活动空间规模、活动空间适宜性、空间开敞度、广场空间尺度
	景观绿化	绿化环境、植物景观	植物配置、景观小品布局、植物种类、地面铺装
精神层面要素	配套设施	服务设施、公共设施	休息设施、餐饮商业设施、标识系统、公共卫生间
	场所文化	文化传承、主题活动	工业文化氛围、工业文化表达艺术性、举办活动多样性、活动数量、活动可参与性
	维护管理	运行维护、运行保障	环境卫生维护、管理服务满意度、宣传力度

② 桥西滨水工业遗产的自身特点。

历史街区不同于一般性街区，其保存完整的传统街区建筑风貌相对来说具有更重要的历史价值及景观价值。工业建筑由于经济产业发展的原因出现在历史街区，本身就是对历史街区风貌的一种破坏。因而在对历史街区中的工业遗产进行改造再利用时，保持街区传统风貌完整性是首要原则，需要尽可能在保持工业遗产原真性的基础上，对历史街区内的传统建筑有所协调。由于桥西滨水工业遗产处于历史街区这一特殊地段，因此在对其进行改造再利用使用后评价时，需要考虑改造后的整体建筑风貌是否对桥西历史街区内传统民居风貌造成了破坏。可见，历史街区中工业遗产改造后与历史街区建筑风貌协调性是评价影响因子之一。

此外，桥西滨水工业遗产改造后以博物馆功能为主，整个区域面向公众开放，所以从城市的角度来说具有城市空间的公共性。因此，工业遗产的改造不能局限于建筑空间的改造，室外公共空间的营造也同样重要。由于桥西滨水工业遗产毗邻滨水空间，随着近些年滨水生活的回归，在对其再利用进行评价时，滨水空间的利用、滨水建筑立面景观的营造等相关因素均是进行评价的重要影响因素。

2. 预设评价因子集

综合前文论述，对相关学者构建的相关评价因子集进行筛选，基于学者普遍选取的评价因子，并结合桥西滨水工业遗产自身特点增设部分评价因子，从物质要素层面与精神文化层面来预设评价因子集。

（1）物质空间层面。

桥西滨水工业遗产再利用的主要物质空间由道路交通、建筑空间、公共空间、配套设施构成。

① 道路交通：对于使用者来说，交通便利性是人们日常消费、休闲、行动的前提。便利、无障碍的道路交通是影响使用者对桥西滨水工业遗产改造再利用后主观评价的重要因素，如公共交通便利性、周边交通状况、停车等也是普遍选取的评价因子。

② 建筑空间：桥西滨水工业遗产改造后是否保持工业建筑风貌的原真性是评价的主要因素之一，与历史街区风貌的协调性也是评价桥西滨水工业遗产改造成功与否的重要因素。同时，滨水建筑立面的美观性也是影响使用者主观感受的因素之一。此外，建筑空间对使用者主观感受产生影响的因素还包括室内的物理环境、房间高度、室内色彩以及室内空间改造效果等。

③ 公共空间：公共空间中的广场空间尺度与布局、滨水空间的营造等因素都是直接影响使用者在区域内主观感受的因素。同时，滨水空间的亲水性是评价桥西滨水工业遗产改造使用后的重要因素，在注重亲水性的同时需要考虑滨水空间的安全性。

④ 配套设施：为充分满足使用者使用需求，需提供相应的基础配套设施，包括餐饮娱乐、商业配套、休息设施、标识系统等，考虑到杭州多雨且夏季炎热的气候特色，遮阳避雨设施是否完善也将会影响使用者在室外空间环境的体验感受。

（2）精神文化层面。

桥西滨水空间与人的心理感受关系较为密切，包括管理服务和场所文化。

① 管理服务：主要根据桥西滨水工业遗产改造再利用运营方提供给使用者的服务，以及运营方管理状态选取评价因子。

②　场所文化：工业文化氛围的营造与表达是改造再利用过程中重要影响因素。此外，良好的活动氛围，能激发人们的参与感，吸引更多的人进入区域，进而激活空间的活力，因而需要设立活动氛围评价指标。

通过上述分析，最终形成较为全面的预设评价因子筛选集，包含 6 个预设一级评价因子，37 个预设二级评价因子（表 7.3）。

表 7.3　预设评价因子集（遴选表）

预设一级评价因子	预设二级评价因子	
A　道路交通	A_1	公共交通
	A_2	周边交通
	A_3	内部交通
	A_4	停车
	A_5	道路空间尺度
B　建筑空间	B_1	旧工业建筑风貌的原真性
	B_2	滨水建筑立面
	B_3	与历史街区建筑风貌的协调性
	B_4	室内空间改造
	B_5	室内房间高度
	B_6	室内环境色彩
	B_7	室内物理环境
C　公共空间	C_1	广场空间布局
	C_2	广场空间尺度
	C_3	滨水空间亲水性
	C_4	滨水空间安全性
	C_5	滨水景观视线
	C_6	植物季节变化
	C_7	景观小品
	C_8	夜景观
	C_9	绿化景观
	C_{10}	地面铺装
D　配套设施	D_1	休息座椅
	D_2	公共卫生间
	D_3	饮水设施
	D_4	标识系统
	D_5	遮阳避雨设施
	D_6	娱乐餐饮设施
	D_7	垃圾桶

续表 7.3

预设一级评价因子	预设二级评价因子	
E 场所文化	E_1	工业文化氛围
	E_2	人文气息
	E_3	活动氛围
	E_4	场所吸引力
F 管理与服务	F_1	环境卫生保持
	F_2	设施运行保持
	F_3	管理方式满意度
	F_4	绿化维护水平

3. 评价因子选取原则

评价因子选取的合理性与否直接影响着评价结果是否真实反映了评价对象的客观事实，为了使确定合适的评价因子的过程更具科学性，在筛选评价因子时应坚持代表性、层次性、全面性和唯一性的原则。

（1）代表性。

所选取的评价因子能代表研究对象的特点，即能反映桥西滨水工业遗产再利用特点的评价因子。

（2）层次性。

所选评价因子应具有层次性且环环相扣，使后期评价体系构建更具逻辑性。

（3）全面性。

所选取的评价因子尽可能涉及桥西滨水工业遗产改造的各个方面，以便得出相对全面的综合评价结果。

（4）唯一性。

在所有的评价因子之间不应该有概念相同或评价范围交叉的情况。

4. 确定评价因子集

基于上文中预设的评价因子筛选集，设计对应的调查问卷，通过相关学者或专家的咨询意见，最终确定桥西滨水工业遗产使用后评价的评价因子集。

本阶段对专家发放调查问卷 80 份，回收问卷共 72 份，回收率为 90%，得到有效问卷 72 份。同时向部分公众发放此调查问卷，考虑到公众个体之间专业水平相差较大，最终统计结果以专家问卷为主，公共问卷作为辅助参考。

对问卷进行统计分析后，基于统计结果以及评价因子选取原则，按照层次分析法的原理，将桥西滨水工业遗产再利用使用后评价因子集简化至包含 5 项一级评价因子，细分为 23 项二级评价因子。

基于层次分析法构建桥西滨水工业遗产使用后评价体系时，一般来说需要注意以下 3 点：

（1）评价因子集主要包括目标、准则以及方案层。

（2）相同级别的评价因子涵盖的内容应互不相同。

（3）二级评价因子数量以不超过 25 个为宜，但由于本研究后期权重赋值选取的萨蒂标度法的最高指标数为 9，所以同一级指标下的二级指标数量不宜超过 9 个。

最后利用层次分析法，将确定的 23 个评级因子基于目标层、准则层和方案层进行分类，建立出桥西滨水工业遗产再利用使用后评价指标体系（表 7.4）。

表 7.4　桥西滨水工业遗产使用后评价指标体系

目标层	准则层	方案层	
桥西滨水工业遗产使用后评价指标体系	A　道路交通	A_1	公共交通
		A_2	内部交通
		A_3	停车
	B　建筑空间	B_1	旧工业建筑风貌的原真性
		B_2	滨水建筑立面
		B_3	与历史街区建筑风貌的协调性
		B_4	室内空间改造
		B_5	室内物理环境
	C　公共空间	C_1	广场空间布局
		C_2	广场空间尺度
		C_3	滨水空间亲水性
		C_4	滨水景观视线
		C_5	夜景观
		C_6	绿化景观
		C_7	景观小品
		C_8	地面铺装
	D　配套设施	D_1	休息座椅
		D_2	公共卫生间
		D_3	娱乐餐饮设施
		D_4	标识系统
		D_5	遮阳避雨设施
	E　场所文化	E_1	工业文化氛围
		E_2	活动氛围

7.2.3　评价因子权重赋值

1. 评价因子权重值求取

在利用评价体系进行评价时，由于每一个评价因子在对评价对象的某一方面进行评价时，对综合评价结果影响的重要程度有所区别，因此需要根据各项评价因子在评价过程中所起作用的程度分别进行权重赋值，使最终对桥西滨水工业遗产再利用的综合评价结果更具有科学性（图7.6）。

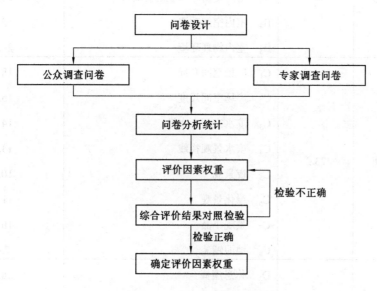

图 7.6　评价权重赋值流程图

对桥西滨水工业遗产再利用评价因子进行权重赋值，需要设计相应的权重调查问卷表。问卷调查的主要对象以了解桥西滨水工业遗产再利用情况的专家为首选，并采用层次分析法，按照评价因子的重要程度进行顺序排列，利用对比判断矩阵，计算各评价指标的权重。与此同时，还发放了一些公众问卷，该问卷统计结果拟作辅助研究。

在对权重调查问卷进行设计时，根据上文建立的评价因子集，每一相同级别的所有评价因子权重和值为 100，例如 5 个一级评价因子权重的和值为 100，同一层一级评价因子下的所有二级评价因子权重之和同样为 100。由被调查者按每一项评价因子重要程度进行打分，最后对问卷调查结果进行统计，计算出被调查者给出各项评价因子的权重平均值。

此次调查共发放专家问卷 40 份，其中杭州市建筑与规划领域专家 10 份，杭州市建筑与规划专业研究生及博士生 30 份，回收问卷 32 份，回收率为 80%，得到有效问卷 32 份；公众问卷 50 份，回收得到有效问卷 46 份，回收率为 92%，得到有效问卷 38 份（表7.5）。

表 7.5　问卷平均值分析

一级评价因子	平均值	二级评价因子		平均值
A　道路交通	20.8	A₁	公共交通	39.9
		A₂	内部交通	32.2
		A₃	停车	27.9
B　建筑空间	20.1	B₁	旧工业建筑风貌的原真性	22.5
		B₂	滨水建筑立面	17.9
		B₃	与历史街区风貌的协调性	23.5
		B₄	室内空间改造	15.7
		B₅	室内物理环境	20.4
C　公共空间	23.2	C₁	广场空间布局	18.0
		C₂	广场空间尺度	15.1
		C₃	滨水空间亲水性	14.6
		C₄	滨水景观视线	13.3
		C₅	夜景观	10.5
		C₆	绿化景观	11.1
		C₇	景观小品	10.0
		C₈	地面铺装	7.4
D　配套设施	17.5	D₁	休息座椅	28.9
		D₂	公共卫生间	17.3
		D₃	娱乐餐饮设施	22.7
		D₄	标识系统	12.4
		D₅	遮阳避雨设	18.7
E　场所文化	18.4	E₁	工业文化氛围	64.4
		E₂	活动氛围	35.6

① 以 5 个一级评价因子——道路交通、建筑空间、公共空间、配套设施、场所文化的权重赋值过程为例，列出具体的权重赋值思路以及过程。

第一步，根据表 7.5 统计的被调查者判断 5 项一级评价因子（A 道路交通、B 建筑空间、C 公共空间、D 配套设施、E 场所精神）的权重打分的平均值统计结果，可初步得出被调查者对 5 个一级评价因子重要性程度的排序（表 7.6）。

表 7.6　一级评价因素重要性排序

评价因素	A 道路交通	B 建筑空间	C 公共空间	D 配套设施	E 场所文化
平均值	20.8	20.1	23.2	17.5	18.4
重要性排序	2	3	1	5	4

　　第二步，利用上述一级评价因子求出的平均值进行相互比较，得到相互之间的一对比较值，然后以层次分析法中的语义标度法——萨蒂标度作为参考对照（表 7.7），本研究采用使比较值衡量相对更加精确的 9/9~9/1 标度作为对照标准。

表 7.7　萨蒂标度法

两两比较取值含义	9/9~9/1 标度
X_a 与 X_i 同样重要	1
X_a 比 X_i 稍微重要	1.286
X_a 比 X_i 比较重要	1.8
X_a 比 X_i 十分重要	3
X_a 比 X_i 绝对重要	9
处于以上相邻比较等级之间的取值	1.125
	1.5
	2.25
	4.5
X_i 与 X_a 的比较	上述各数的倒数

　　输入数值最接近一级评价指标相互比对值的 9/9~9/1 标度值，计算出一级评价因子相互比较的一对比较值（表 7.8）。

表 7.8　一级评价因子一对比较值

评价因素	A 道路交通	B 建筑空间	C 公共空间	D 配套设施	E 场所文化
重要性排序	2	3	1	5	4
一对比较值	1	1.125	0.889	1.286	1.125

　　第三步，基于上述一级评价因子的一对比较值结果，采用对比矩阵法，构造一级评价因子两两比对判断矩阵，求取各一级评价因子权重值，过程如下。

　　（1）首先构造一个两两对比判断矩阵（表 7.9）。

表 7.9　对比判断矩阵

X_{ai}	1	2	3	…	n
1	1	X_1/X_2	X_1/X_3	…	X_1/X_n
2	X_2/X_1	1	X_2/X_3	…	X_2/X_n
3	X_3/X_1	X_3/X_2	1	…	X_3/X_n
…	…	…	…	…	…
n	X_n/X_1	X_n/X_2	X_n/X_3	…	1

注：X_n 为评价因子权重调查问卷中的平均值

（2）重复上面一对比较值的求取过程，将所有评价因子相互比较值填入判断矩阵中，由公式（7.1）计算每个评价因子的几何平均值 A 即

$$A=\sqrt[k]{(a_1 \cdot a_2 \cdot a_3 \cdot ... a_k)} \tag{7.1}$$

式中　　a_k——判断矩阵中的对比值。

然后用求出的几何平均值，由公式（7.2）求出每个评价因子的权重值 W_i

$$W_i=\frac{A_i}{A_1+A_2+A_n} \tag{7.2}$$

式中　　A_i——对应评级因子的几何平均值。

最后得到 5 项一级评价因子权重赋值（表 7.10）。

表 7.10　一级评价因子权重计算表

对比值 a_{ij}	A 道路交通	B 建筑空间	C 公共空间	D 配套设施	E 场所文化	几何平均值	权重
A　道路交通	1	1.125	0.889	1.286	1.125	1.076 7	0.213
B　建筑空间	0.889	1	0.778	1.286	1.125	1.000 1	0.198
C　公共空间	1.125	1.286	1	1.5	1.286	1.227 8	0.243
D　配套设施	0.778	0.778	0.667	1	0.889	0.814 7	0.161
E　场所文化	0.889	0.889	0.778	1.125	1	0.928 9	0.184

注：判断矩阵一致性比例：0.000 62；对总目标的权重：1

② 基于上述计算方法，对道路交通的 3 个二级评价因子权重计算过程见表 7.11 和表 7.12。

表 7.11　道路交通二级评价因素一对比较值

二级评价因素	A₁ 公共交通	A₂ 内部交通	A₃ 停车
重要性排序	1	2	3
一对比较值	1	1.5	1.8

表 7.12　道路交通二级评价因素权重计算表

A 道路交通	A₁ 公共交通	A₂ 内部交通	A₃ 停车	几何平均值	权重
A₁　公共交通	1	1.286	1.5	1.244 8	0.420
A₂　内部交通	0.778	1	1.5	1.052 8	0.355
A₃　停车	0.667	0.667	1	0.667 0	0.225

注：判断矩阵一致性比例：0.007 21；对总目标的权重：0.213

③ 建筑空间的二级评价因子权重计算过程见表 7.13 和表 7.14。

表 7.13　建筑空间二级评价因素一对比较值

B　建筑空间	B₁ 旧工业建筑风貌原真性	B₂ 滨水建筑立面	B₃ 与历史街区风貌协调性	B₄ 室内空间改造多样性	B₅ 室内物理环境舒适度
重要性排序	2	4	1	5	3
一对比较值	1	1.8	0.889	1.8	1.5

表 7.14　建筑空间二级评价因素权重计算表

B 建筑空间	B₁ 旧工业建筑风貌原真性	B₂ 滨水建筑立面	B₃ 与历史街区风貌协调性	B₄ 室内空间改造多样性	B₅ 室内物理环境舒适度	几何平均值	权重
B₁　旧工业建筑风貌原真性	1	1.8	0.889	1.8	1.5	1.340 0	0.257
B₂　滨水建筑立面	0.556	1	0.556	1.286	0.667	0.766 8	0.147
B₃　与历史街区风貌的协调性	1.125	1.8	1	1.8	1.5	1.404 6	0.269
B₄　室内空间改造多样性	0.556	0.778	0.556	1	0.556	0.668 7	0.128
B₅　室内物理环境	0.667	1.8	0.667	1.5	1	1.037 3	0.199

注：判断矩阵一致性比例：0.006 87；对总目标的权重：0.198

④ 公共空间的 8 个二级评价因子权重计算过程见表 7.15 和表 7.16。

表 7.15 公共空间二级评价因素一对比较值

C 公共空间	C_1 广场空间布局	C_2 广场空间尺度	C_3 滨水空间亲水性	C_4 滨水景观视线	C_5 夜景观	C_6 绿化配置	C_7 景观小品	C_8 地面铺装
重要性排序	1	2	3	4	6	5	7	8
一对比较值	1	1.286	1.286	1.5	1.8	1.8	1.8	2.25

表 7.16 公共空间二级评价因素权重计算表

C 公共空间	C_1 广场空间布局	C_2 广场空间尺度	C_3 滨水空间亲水性	C_4 滨水景观视线	C_5 夜景观	C_6 绿化配置	C_7 景观小品	C_8 地面铺装	几何平均值	权重
C_1 广场空间布局	1	1.286	1.286	1.5	1.8	1.8	1.8	3	1.602 1	0.185
C_2 广场空间尺度	0.889	1	1.125	1.286	1.8	1.8	1.8	3	1.475 8	0.170
C_3 滨水空间亲水性	0.778	0.889	1	1.286	1.8	1.5	1.8	3	1.377 6	0.159
C_4 滨水景观视线	0.667	0.889	0.889	1	1.5	1.5	1.5	2.25	1.189 3	0.137
C_5 夜景观	0.556	0.556	0.556	0.667	1	0.778	1.286	1.8	0.821 0	0.095
C_6 绿化配置	0.556	0.556	0.667	0.667	1.286	1	1.286	1.8	0.894 4	0.103
C_7 景观小品	0.556	0.556	0.556	0.667	0.889	0.889	1	1.8	0.797 2	0.092
C_8 地面铺装	0.333	0.333	0.444	0.667	0.556	0.556	0.556	1	0.523 5	0.060

注：判断矩阵一致性比例：0.021 78；对总目标的权重：0.243

⑤ 配套设施的 5 个二级评价因子权重计算过程见表 7.17 和表 7.18。

表 7.17 配套设施二级评价因素一对比较值

D 配套设施	D_1 休息座椅	D_2 公共卫生间	D_3 娱乐餐饮设施	D_4 标识系统	D_5 遮阳避雨设施
重要性排序	1	4	2	5	3
一对比较值	1	1.5	1.125	1.8	1.286

表 7.18 配套设施二级评价因素权重计算表

D 配套设施	D_1 休息座椅	D_2 公共卫生间	D_3 娱乐餐饮设施	D_4 标识系统	D_5 遮阳避雨设施	几何平均值	权重
D_1 休息座椅	1	1.5	1.125	1.8	1.286	1.313 3	0.250
D_2 公共卫生间	0.667	1	0.667	1.286	0.778	0.850 5	0.162
D_3 娱乐餐饮设施	0.889	1.5	1	1.8	1.286	1.252 9	0.238
D_4 标识系统	0.556	0.778	0.778	1	0.889	0.785 6	0.149
D_5 遮阳避雨设施	0.889	1.286	0.889	1.286	1	1.055 0	0.201

注：判断矩阵一致性比例：0.037 76；对总目标的权重：0.161

⑥ 场所文化的 2 个二级评价因子权重计算过程见表 7.19 和表 7.20。

表 7.19　场所文化二级评价因素一对比较值

E 场所文化	E₁ 工业文化氛围	E₂ 活动氛围
重要性排序	1	2
一对比较值	1	1.5

表 7.20　场所文化二级评价因素权重计算表

E　场所文化	E₁ 工业文化氛围	E₂ 活动氛围	几何平均值	权重
E₁　工业文化氛围	1	1.5	1.224 7	0.599
E₂　活动氛围	0.667	1	0.816 7	0.401

注：对总目标的权重：0.184

⑦ 经过以上计算过程，最终得出所有一级评价因子以及其所对应的二级评价因子权重值（表 7.21）。

表 7.21　各评价因子权重

一级指标	一级指标权重	二级指标	二级指标权重
A 道路交通	0.213	A₁　公共交通	0.420
		A₂　内部交通	0.355
		A₃　停车	0.225
B 建筑空间	0.198	B₁　旧工业建筑风貌的原真性	0.257
		B₂　滨水建筑立面的美观度	0.147
		B₃　与历史街区建筑风貌的协调性	0.269
		B₄　室内空间改造	0.128
		B₅　室内物理环境	0.199
C 公共空间	0.243	C₁　广场空间布局	0.185
		C₂　广场空间尺度	0.170
		C₃　滨水空间亲水性	0.159
		C₄　滨水景观视线	0.137
		C₅　夜景观	0.095
		C₆　绿化景观	0.103
		C₇　景观小品	0.092
		C₈　地面铺装	0.060
D 配套设施	0.161	D₁　休息座椅	0.250
		D₂　公共卫生间	0.162
		D₃　娱乐餐饮设施	0.238
		D₄　标识系统	0.149
		D₅　遮阳避雨设施	0.201
E 场所文化	0.184	E₁　工业文化氛围	0.599
		E₂　活动氛围	0.401

2. 一致性检验

在采用矩阵比对方法对评价因子权重赋值的过程中，具有一定的主观性，因此会出现一些偏差，为避免计算结果出现较大偏差，本书采用一致性检验的方式来验证计算结果。以一致性比率 $C.R.<0.1$ 作为判断矩阵一致性检验通过的标准值而进行调整。

一致性检验步骤如下：

利用公式（7.3）、（7.4）计算出一致性比率 $C.R.$ 即

$$C.I.=\frac{\lambda_{max}-n}{n-1} \tag{7.3}$$

$$C.R.=\frac{C.I.}{R.I.} \tag{7.4}$$

式中　　n、λ_{max}——分别为判断矩阵阶数、判断矩阵的最大特征根；

$R.I.$——平均随机一致性指标。

此次桥西滨水工业遗产使用后评价因子权重一致性检验中，所有判断矩阵一致性比率结果均小于 0.1（具体结果见每个指标权重计算表下的注释），因此评价因子权重赋值过程中的判断矩阵结果通过检验。

3. 确定评价权重值

通过上文对各项评价因子判断矩阵的计算，并且采用一致性检验方式的检验结果符合要求，最终确定各项评价因子的权重值。然后利用公式（7.5）求出各项二级评价因子对总目标的权重 W_i

$$W_i=W_{An}\cdot W_A \tag{7.5}$$

式中　　W_{An}——二级评级因子权重值；

W_A——对应的一级评价因子权重值。

最终得出桥西滨水工业遗产使用后评价体系中所有评价因子的权重值（表 7.22）。

表 7.22　桥西滨水工业遗产使用后评价因子权重

一级评价因子	一级评价因子权重	二级评价因子		二级评价因子权重	二级评价因子对总目标权重/%
A　道路交通	0.213	A_1	公共交通	0.420	8.9
		A_2	内部交通	0.355	7.6
		A_3	停车	0.225	4.8
B　建筑空间	0.198	B_1	旧工业建筑风貌的原真性	0.257	5.1
		B_2	滨水建筑立面	0.147	2.9
		B_3	与历史街区风貌的协调性	0.269	5.3
		B_4	室内空间改造	0.128	2.5
		B_5	室内物理环境	0.199	3.9
C　公共空间	0.243	C_1	广场空间布局	0.185	4.5
		C_2	广场空间尺度	0.170	4.1
		C_3	滨水空间亲水性	0.159	3.9
		C_4	滨水景观视线	0.137	3.3
		C_5	夜景观	0.095	2.3
		C_6	绿化景观	0.103	2.5
		C_7	景观小品	0.092	2.2
		C_8	地面铺装	0.060	1.5
D　配套设施	0.161	D_1	休息座椅	0.250	4.0
		D_2	公共卫生间	0.162	2.6
		D_3	娱乐餐饮设施	0.238	3.8
		D_4	标识系统	0.149	2.4
		D_5	遮阳避雨设施	0.201	3.2
E　场所文化	0.184	E_1	工业文化氛围	0.599	11.0
		E_2	活动氛围	0.401	7.4

4. 确定评语集

评价主体对评价对象进行评价时给出的所有可能性的判断结果的集合称为评语集。本书采用 SD 语义量表的方法作为使用者评价结果的量化反映，将使用者对桥西滨水工业遗产改造使用后主观评判层级的高低与分值对应，即评价等级从"很好"（E_1）、"较好"（E_2）、"一般"（E_3）、"较差"（E_4）、"很差"（E_5）分别对应评价得分 5 分、4 分、3 分、2 分、1 分（表 7.23）。

表 7.23 杭州桥西滨水工业遗产使用后评价得分与等级

评价得分	对应评价等级
$X_j \leqslant 1.5$	E_1（很差）
$1.5 < X_j \leqslant 2.5$	E_2（较差）
$2.5 < X_j \leqslant 3.5$	E_3（一般）
$3.5 < X_j \leqslant 4.5$	E_4（较好）
$X_j > 4.5$	E_5（很好）

7.2.4 使用后评价调查问卷的设计与发放

1. 问卷设计

使用后评价调查问卷的设计由 3 部分构成：使用者基本特征、使用者对评价因素的满意度打分以及改进措施建议。

（1）使用者基本特征包括使用者的职业、年龄、教育程度、对工业遗产了解程度、到此目的等。通过对使用者基本信息的调查，能初步了解使用者的基本特征，为后续的评价体系构建及改进提升提供依据。

（2）使用者对某一项因素进行评价时，借鉴 SD 语义差别法，将问题的答案设计成可量化的问卷问题。

（3）最后一部分通过自由访谈的方式，更加深入了解使用者在桥西滨水工业遗产改造再利用使用中发现的问题。

2. 问卷发放

（1）发放对象。

鉴于目前桥西滨水工业遗产改造再利用的使用者以外来游客居多，街区内居民对它的使用主要以在外部公共空间的早晚日常休闲锻炼为主。为了使研究更有针对性，本书对杭州桥西滨水工业遗产改造使用后的评价问卷调研对象以外来游客为主，对街区内居民主要采取访谈的方式。

（2）问卷发放。

调查问卷于 2016 年 5 月 1 日至 15 日发放。根据前期调查发现，周末是外来游客参观的高峰期。为了更准确地了解使用情况，发放时间段以节假日为主，从早上 8:00 到晚上 9:00。发放地点为杭州桥西历史街区范围内，被调查对象为该时间段的使用者（抽样）。

（3）问卷回收。

本次调查一共发放问卷 300 份，回收问卷 286 份，回收率为 95.3%，淘汰不符合要求的问卷 13 份，得到有效问卷 273 份，占回收数的 95.4%。

3. 问卷信度检测

信度是体现被检测目标可靠程度的指标，即借助检测方法得出稳定性高、一致性强的结果。调查问卷评价结果是否可靠关键在于问卷信度是否达标。

本次调查问卷信度检测通过 SPSS 对问卷调查结果数据进行分析处理，以克伦巴赫 α 信度系数作为检测方法。将使用后评价调查问卷中 23 道评价问题进行信度检测，得出如表 7.24、7.25 所示计算结果。问卷的克伦巴赫 α 信度系数为 0.847，信度系数超过 0.8，可见本研究的问卷设计可靠性较高，满足研究要求。一般来说，问卷克伦巴赫 α 信度系数大于或等于 0.7 才认定该问卷信度可靠，否则建议重新修改问卷设计。

表 7.24　案例处理汇总

		N	%
	有效	273	100
案例汇总	排除	0	.0
	总计	273	0

表 7.25　问卷信度检测

Cronbach's Alpha	基于标准化项的 Cronbachs Alpha	项数
0.847	0.862	23

7.3　杭州桥西滨水工业遗产使用后综合评价

7.3.1　使用人群特征分析

1. 使用人群基本特征

在对使用人群基本特征的调查中，笔者分别对来桥西历史街区参观的游客的性别、年龄、职业、对工业遗产的认识、教育程度、来此目的、交通工具、使用频率 8 个方面进行统计分析，以便能更加清晰地了解使用人群的基本情况。

（1）在使用者性别调查中，男性占 52%，女性占 48%，说明在被调查的人群中，男女比例基本持平。

（2）在使用者年龄调查中，19～30 岁的人数占总调查人数的 43%，31～40 岁的人数占总调查人数的 37%，41～50 岁的人数占总调查人数的 14%，51 岁及以上的人数占总调查人数的 6%。使用者的年龄以 19～40 岁为多数，占总调查人数的 80%。实地观察发现，未成年人多是由家长带领或者学校组织来此参观游玩的。

（3）在使用者身份调查中，学生占 49%，所占比例最高，艺术从业者占 20%，其他如自由职业者占 9%，退休人员占 6%，其他占 16%。

（4）在使用者对工业遗产的认识程度调查中，对工业遗产较了解的人数很少，仅占 14%，一般了解的占 25%，不太了解的占 45%，不了解的占 16%。由此可见，使用者对工业遗产普遍不太了解。

（5）在使用者教育程度调查中，有专科或本科学历者占总人数的 45%，高中高职学历占总人数的 29%，初中以下的学历占 10%，硕士及以上学历占总人数的 16%。

（6）在被调查人群中，专程来此参观工业遗产的人数占 8%，休闲占 24%，参观博物馆群顺便游览历史街区的占 29%，游览历史街区顺便参观博物馆群的占 33%，其他目的占 6%。

（7）在来此使用的交通工具调查中，选择步行的人占 8%，骑自行车的人占 15%，乘公共汽车的人占 60%，开私家车的人占 12%，搭乘出租车的人占 5%。

（8）在使用频率调查中，来此次数为一次的人数占 57%，来此两次的占 18%，来此三次的占 12%，来此四次及以上的占 13%。

2. 使用人群特征总结

基于上文对使用人群基本特征数据进行的统计分析，可以总结出该区域使用人群的以下几个特点。

（1）桥西滨水工业遗产改造再利用后的使用者的男女比例均衡。

（2）到此参观游玩的核心人群是学生及艺术从业者。在这些人中，二三十岁的年轻人居多，其次是四五十岁的中年人。

（3）大多数使用者对工业遗产并不是很了解，对其认知程度普遍较低。

（4）使用者受教育的水平主要集中于大学专科和本科，这说明桥西滨水工业遗产改造再利用后的使用者的整体教育水平较高。

（5）桥西工业遗产改造丰富了桥西历史街区的旅游资源，在一定程度上增强了旅游吸引力，促进了街区的发展。

（6）在交通工具方式的选择方面，大部分人以公共汽车为主，可见公共交通是人们来此便利与否的重要影响因素。

（7）大多数游客来此一次之后便不会再来，可见桥西滨水工业遗产改造再利用后缺乏对使用者二次游览的吸引力。

总体而言，桥西滨水工业遗产改造后的使用人群主要以青年人为主，且这类人学历较高，多为艺术文化从业者，并以公共汽车为主要的出行工具。

7.3.2　各因子评价结果统计分析

1. 道路交通评价

（1）公共交通便利性。

在调查人群中，认为公共交通很便利或比较便利的人数仅为 23%，这一数据表明人们对于桥西滨水工业遗产再利用的公共交通便利性整体满意度一般。

桥西滨水工业遗产再利用区域公共交通路线设计尚不完善。在中国刀剪剑博物馆前设置的拱宸桥西站仅包括 K1、79、129 路三条线路，和周边公交站点一样，交通范畴主要集中在城北、城东及城西区域，经过路线区域以老社区为主；而旅游资源丰富的城南片区的交通却尚未涉及，大部分外来游客从城南区域来此需要多次换乘公交，交通花费时间较多。

（2）内部交通。

在使用者对内部交通状况的评价中，认为内部交通状况很好或较好的人数占总人数的67%，这一数据表明人们对于桥西滨水工业遗产再利用的内部交通状况较为满意。

通过实地调研发现，在桥西滨水工业遗产改造中，设计者将地下停车位设置在基地入口处，以此来保证内部交通采取纯步行的方式，塑造了良好的步行环境。基地内以桥西直街和桥弄街为主要步行街道，通过步行道路将历史街区与工艺美术博物馆建筑群串联起来，形成一条较为完整的步行旅游参观路线，使得滨水空间不被车行交通道路阻隔，增强了滨水空间的可达性。

由于部分景点分散处在街区内，而历史街区内步行路径不通畅，导致整个参观路线不连贯，形成"鱼骨状"的参观流线，参观时需要走回头路，给使用者造成一定程度的不便。

（3）停车便利性。

在使用者对停车便利性的评价中，对停车便利性评价为一般及较差的人数占总人数的

61%，这一数据说明人们对于桥西滨水工业遗产再利用后的停车便利性整体满意度一般。

实地调研发现，由于历史街区建筑布局较为紧凑，土地资源有限，缺乏足够的空间来设置停车位，桥西滨水工业遗产在改造时，仅能通过在扇博物馆以及伞博物馆入口处下方挖掘地下空间的方式，设置了 2 个地下停车场，同时还设置了少量地面停车位，来承担整个桥西历史街区的停车需求，解决了部分停车问题。

但现有的停车容量仍然满足不了日益增长的外来旅游参观的私家车辆数量，在节假日高峰时期，停车问题更加突出。在这种情况下，部分区域停车混乱，许多找不到停车位的车主便随意地将车停在路边，占据道路空间。此外，有一部分使用者是骑电动车或是自行车来此游玩的，而区域内未考虑设置相应的非机动车停车区域，导致非机动车停放也很混乱，许多自行车、电动车随意停放在广场上，使使用者活动受限（图7.7）。

（a）随意停放的汽车

（b）占据广场的非机动车

图 7.7　停车问题现状

（4）道路交通总体评价。

基于对问卷调查结果综合计算，得出公共交通便利性评价得分为 3.1 分，内部交通便利性评价得分为 3.8 分，停车便利性评价得分为 3.2 分（表 7.26）。由此可见，在公共交通与停车方面需要进一步优化。

表 7.26　道路交通总体评价

一级评价因子	二级评价因子	权重/%	评价得分	综合评价得分
道路交通	公共交通便利性	0.420	3.0	
	内部交通便利性	0.355	3.8	3.32
	停车便利性	0.225	3.2	

对各项评价指标评价得分进行对应权重加权计算，得出使用者对道路交通的综合评价得分为 3.32 分。参考表 7.23 评价等级划分，可以看出道路空间处于 E_3（一般，$2.5 < Xj \leqslant 3.5$）水平。

2. 建筑空间评价

（1）旧工业建筑风貌的原真性。

在使用者对旧工业建筑风貌的原真性这项评价中，认为旧工业建筑风貌原真性评保持较好或者很好的人数占总人数的 82%，这一数据说明人们对于旧工业建筑风貌的原真性保持的整体满意度较高。

通过实地调研发现，桥西滨水工业遗产改造设计中，对建筑结构稳固、建筑空间完全适合新功能的需要且具有一定保留价值的旧工业建筑采用"立足保护、修旧如旧"的方法，只对建筑立面进行简单的维修加固，不做过多的改变；或者根据改造后的功能需求只进行极少部分的门窗构件更新、封堵，保留工业建筑独特的桁架结构，以便于最大限度地保留旧工业建筑的历史原貌。如通益公纱厂保留了原有工厂锯齿形高侧窗的立面形象；桥西土特产仓库的改造对具有历史色彩的建筑外立面进行了保留修复，同时对具有工业特征的门窗、外置的楼梯进行了保留（图 7.8）。

此外，在进行加建时，采用新旧对比的方式，对加建连接部分采取置入新构件、新材料、新色彩的方法，划分原始与现在的关系，达到与原建筑立面形成强烈对比，增强旧工业建筑的可识别性的目的。如通益公纱厂与红雷丝织厂的加建部分都采用了现代玻璃材质与钢结构形成新建筑表情，突显工业艺术美，与原有旧建筑表情形成对话，并使得新材料的特点凸显出来，可识别性强，最大限度地保持了旧工业建筑风貌的原真性（图 7.9）。

（a）保留斑驳的建筑表皮　　　　　　　　（b）保留的锯齿形象

图 7.8　保留旧工业建筑风貌

（a）通益公纱厂加建　　　　　　　　　　（b）红雷丝织厂加建

图 7.9　新旧材料对比

（2）滨水建筑立面。

在使用者对滨水建筑立面美观性这项评价中，认为桥西滨水工业遗产改造后，滨水建筑立面美观或较美观的人数占总人数的 40%。由此可见，人们对于桥西滨水工业遗产再利用后，滨水建筑立面改造设计效果的满意度一般。

桥西滨水工业遗产改造再利用时，由于过于追求原有工业建筑外立面的完整性，缺乏对滨水建筑立面有效的改造设计，基本上完全维持着原有的旧工业建筑立面，而这些建筑立面由于历史功能的原因，几乎全为大实体的山墙面对水面，形象过于呆板，滨水建筑立面不能与水体形成很好的呼应。在通益公纱厂地块拆除了沿河厂房，设立 30 米宽的绿化带遮挡住了滨水建筑，打断了历史街区的特色滨水建筑立面景观的连续性。

3. 与历史街区风貌的协调性

在使用者对桥西滨水工业遗产改造后与历史街区内传统建筑风貌的协调性这项评价中，有 73%的人认为其与历史街区风貌比较协调，这说明桥西滨水工业遗产改造后较好地维护了桥西历史街区风貌的完整性。

在建筑外观上，桥西工业遗产改造中充分运用桥西历史街区内传统民居元素，如在屋顶形式上借鉴传统坡屋顶，建筑外立面增设柱廊间，材质及色彩上运用传统建筑中的青色的砖、灰色的瓦、木格栅等，使改造后的街区风貌在一定程度上与街区内的传统民居相协调（图 7.10）。

（a）传统建筑材料的运用　　　　　　　　（b）坡屋顶元素的应用

（c）历史街区建筑风貌

图 7.10　协调历史街区风貌

在空间体量上，桥西历史街区的传统民居尺度和体量较小，街巷空间也是传统的邻里街坊尺度，而新加建的扇博物馆在满足展览功能所需的大空间的要求下，整个建筑通过化整为零的设计手法，将大体量空间分解成由多个小体量空间，既满足了内部展示功能的需求，又在尺度与体量上与桥西历史街区内的传统民居相协调，不突兀张扬，延续了历史街区的空间肌理（图 7.11）。

图 7.11　扇博物馆加建部分

4. 室内空间改造

在使用者对室内空间改造这项评价中，仅有 33%的人认为室内空间改造效果比较丰富，这表明使用者对室内空间改造效果的整体满意度一般。

实地调研发现，内部空间的改造主要是在原有的大空间下，利用原有的结构，通过将垂直墙体划分为多个小空间，并置入展览功能，来形成线性连续的参观序列。由于内部空间改造方式较为单一，基本都是以水平划分的方式为主，缺乏竖向空间的变化，室内并未形成工业建筑改造常见的 LOFT 空间，因此整体室内空间改造效果也较为单一。

5. 室内物理环境

在使用者对室内物理环境这项评价中，有 80%的人认为室内物理环境较舒适，这表明使用者对桥西滨水工业遗产改造后的室内物理环境的舒适度满意度较高。

实地调研发现，桥西滨水工业遗产在改造过程中，采取了一系列绿色建筑技术手段来改善室内的通风与采光。如在桥西土特产仓库改造中，将建筑的不同功能区采用开敞式连廊连接，利用东侧濒临水面而温度相对较低的特点，使建筑前后产生合适的风压差，从而使舒适的自然风贯穿建筑，起到了改善室内自然通风环境的作用。

　　针对原有厂房进深过大，平面中心区域自然采光效果差的问题，采用设置中庭的方法来解决。如在红雷丝织厂改造中，充分考虑博物馆建筑功能设计的要求，合理地设计了一个近 500 平方米的采光中庭，并结合加建部分的侧天窗设计，很好地改善了室内自然采光的效果，同时通高的采光中庭也加强了室内通风（图 7.12）。

（a）架空连廊　　　　　　　　　（b）增加中庭

图 7.12　改善室内物理环境措施

6. 建筑空间总体评价

　　基于对问卷调查结果综合计算，得出旧工业建筑风貌原真性的评价得分为 4.1 分，滨水建筑立面美观度评价得分为 3.3 分，与历史街区风貌协调度评价得分为 3.9 分，室内空间改造多样性评价得分为 3.2 分，室内物理环境舒适度评价得分为 3.9 分（表 7.27）。由此可见，滨水建筑立面与室内空间改造仍需要进一步优化。

表 7.27　建筑空间总体评价

一级评价因子	二级评价因子	权重/%	评价得分	综合评价得分
建筑空间	旧工业建筑风貌	0.257	4.1	3.77
	滨水建筑立面	0.147	3.3	
	与历史街区风貌协调度	0.269	3.9	
	室内空间改造	0.128	3.2	
	室内物理环境	0.199	3.9	

　　对各项评价指标评价得分进行对应权重加权计算，得出使用者对建筑空间的综合评价得分为 3.77 分。对照表 7.23，可以看出建筑空间处于 E_4（较好，$3.5 < X_j \leqslant 4.5$）水平。

7.3.3 公共空间评价

1. 广场空间布局

在使用者对广场空间布局这项评价中，39%的人认为布局合理，42%的人认为布局比较合理，11%的人认为布局一般，5%的人认为布局较差，仅有 3%的人认为布局很差。从以上数据统计分析可以看出，有81%的被访者认为广场空间布局比较合理或很合理，这表明使用者对广场空间布局整体满意度较高。

实地调研发现，桥西历史街区中原有建筑密度大，居住人口众多，缺乏足够的空间来设置广场及庭院等开敞空间，人们缺少日常休闲活动的广场空间。在桥西滨水工业遗产改造过程中，充分考虑桥西历史街区严重缺乏开场空间的现状，利用旧工业厂区空间开阔的特点，通过拆除部分无价值的建筑以及利用滨水侧空地，打造可供本地居民休闲聚会以及外来游客旅游体验的广场空间，弥补了历史街区内缺乏广场空间的问题，增加了街区内居民的活动空间。在访谈中，许多本地居民对此法很满意，认为这些广场空间为他们工作之余的休闲锻炼提供了场地。

在空间布局上，桥西滨水工业遗产在改造时注重广场空间的有序组织，利用街区内桥西直街与桥弄街这两条主要的步行道路将广场空间串联起来，形成步行街道的开放节点空间，为游客带来较好的游玩体验。同时 3 个广场空间处于桥西历史街区的 3 个不同区域，使广场的服务范围能更好地覆盖整个街区。

2. 广场空间尺度

在使用者对广场空间尺度的评价中，认为广场空间尺度合理和比较合理的人数占87%，这表明使用者对广场空间尺度的满意度较高。

芦原义信曾提出外部空间与周边建筑高宽比 D/H，当 D/H 值为 1～3 时，人在广场空间中的感受最适宜[74]。

调研中发现，基地内现有的 3 个广场与周边建筑的高宽比均控制在 1～3 的范围内，并利用建筑与树木创造出具有围合感的广场空间，如中国刀剪剑博物馆前广场，广场 D = 42 米，H=18 米，D/H=2.33，此时周边建筑可以有效地界定广场空间而不显得压抑，三面围合的建筑布局形态，使该空间围合感较强，人在其中感觉到空间合理舒适。

3. 滨水空间亲水性

在使用者对滨水空间亲水性这项评价中，5%的人认为滨水空间亲水性好，11%的人认为滨水空间亲水性较好，42%的人认为滨水空间亲水性一般，35%的人认为滨水空间亲水性较差，7%的人认为滨水空间亲水性很差。仅有 16%的人认为滨水空间亲水性很好或较好，这表明使用者对滨水空间亲水性的整体满意度较低。

调研中发现，虽然桥西滨水工业遗产在改造过程中，改善了滨水空间的可达性，但却忽视了对于滨水空间营造的重要性，因此滨水空间缺乏特色。

如土特产仓库东侧改造的滨水广场，大部分的堤岸为直立式堤岸形式，单调且不美观。堤岸的设置拉大了人们与水体的距离，使人们多在岸上活动，缺少靠近水面进行亲水活动的机会，人们只能隔着栏杆看水而不能戏水，使得滨水空间丧失了趣味性。

此外，通益公纱厂东侧的滨水空间仅是简单地布置了林木草坪，将水面与建筑隔离开来，亲水性极差，导致很少有人来到这个区域，失去了滨水空间应有的活力（图 7.13）。

图 7.13　通益公纱厂滨水侧绿化带隔离滨水区

4. 滨水景观视线

在使用者对滨水景观视线通达性这项评价中，认为滨水景观视线通达性好或者较好的人数只占 28%（图 7.14），可见使用者对滨水景观视线通达性整体满意度一般。

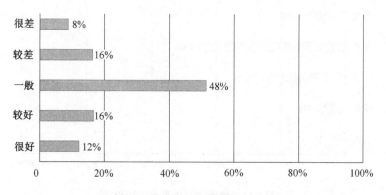

图 7.14　使用者对滨水景观视线的评价

滨水景观作为一种特殊景观资源，是滨水区吸引人们的重要因素，良好的滨水景观视线通达性能给人们带来愉悦的心情，所以应尽可能使滨水景观完整地向人们展示。

在土特产仓库改造中，虽然采取架空连廊的方式将滨水景观渗透至前广场及庭院，但滨水侧设置过多的特色商品售卖亭、堤岸下未经修剪的树以及公共自行车租车点的设置，均严重阻隔了滨水景观视线（图7.15）。上文所提到的通益公纱厂东侧种植的树木草坪同样影响了滨水景观视线的通达性。

（a）遮挡视线的滨水侧售货亭　　　　　　　　　（b）遮挡视线的树木

图7.15　滨水景观视线阻隔现状

5. 夜景观

在使用者对桥西滨水工业遗产改造后夜景观这项评价中，5%的人认为夜景观很好，8%的人认为较好，28%的人认为一般，46%的人认为较差，13%的人认为很差（图7.16）。从以上数据统计分析可以看出，认为夜景观很好或者较好的人数仅仅占13%，这表明使用者对桥西滨水工业遗产改造后的夜景观满意度较低。

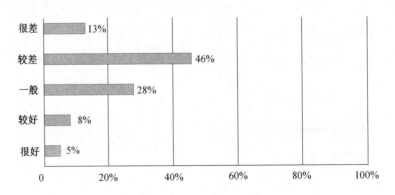

图7.16　使用者对夜景观的评价

实地调研发现，桥西滨水工业遗产在改造中并未考虑到滨水工业遗产夜景观的重要性，仅仅对红雷丝织厂单体建筑进行了灯光设计，而夜间人流量较大的滨水空间及其余区域均未进行夜景观设计。由于博物馆晚间闭馆的原因，这些区域在夜间几乎为一片黑暗，与灯光璀璨的历史街区内传统风貌区形成鲜明的对比，导致运河滨水夜景观的不连续，同样也给夜间活动的人们带来使用上的不便利（图 7.17）。

　　（a）土特产仓库夜间现状　　　　　　　　（b）街区内传统风貌区夜间现状

图 7.17　夜景观现状

6. 绿化景观

在使用者对绿化景观这项评价中，认为绿化景观很好或者较好的人数占 81%（图 7.18），这表明使用者对桥西滨水工业遗产改造后的绿化景观设计整体满意度较高。

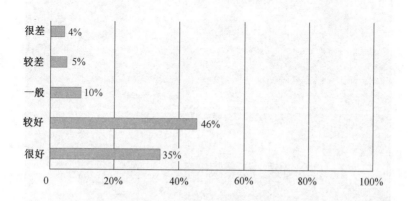

图 7.18　使用者对绿化景观的评价

实地调研发现，桥西滨水工业遗产绿化景观的改造在生态设计思想指导下，保留了区域内原有茂盛的古树，同时还新种植了如鱼尾葵、杏树、竹子等景观植物，结合不同空间的特点采用孤植、丛植、群植等常见的种植方式，形成几何式和自然式的绿化带，打造出层次丰富的绿化景观，满足了人们观赏游憩的需求（图7.19）。

图7.19　层次丰富的绿化景观

中国传统景观植物竹子被运用到基地内的各个区域，通过阵列式的种植，在满足游客视觉享受的同时，又起到分隔空间、遮挡视线等作用（图7.20）。

图7.20　竹子造景

7. 景观小品

在使用者对景观小品这项评价中，认为景观小品数量充足、布局合理的人数仅仅占22%（图 7.21），这表明使用者对桥西滨水工业遗产改造后的景观小品的配置设计整体满意度一般。

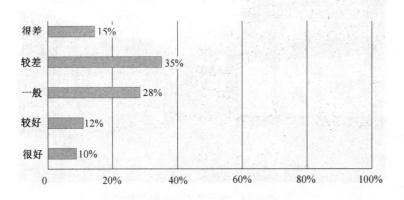

图 7.21　使用者对景观小品的评价

改造后的桥西滨水工业遗产区中的景观小品，从整体布局上来说数量相对太少，仅在土特产仓库东侧的滨水广场上设置了几个雕塑，如保留了一个工业时代的塔吊机、设计重现旧工业码头工人搬运场景的雕塑，通过这些景观小品来展现旧工业区的时代记忆（图7.22）。

图 7.22　滨水广场上的雕塑

其他诸如广场、庭院等公共空间区域内的景观小品十分缺乏，导致这些公共空间缺乏趣味性，因此游客很少在此停留（图 7.23）。

图 7.23　缺乏景观小品的广场空间

8. 地面铺装

在使用者对地面铺装这项评价中，57%的人认为地面铺装美观性较好或是很好（图 7.24），这表明使用者对改造后的地面铺装设计整体较为满意。

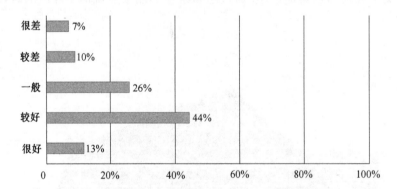

图 7.24　使用者对地面铺装的评价

改造后的桥西滨水工业遗产区地面铺装材质主要分为两种：一种是旧工业区内保留的青砖；另一种是灰、黑的花岗岩。两种不同材质的铺装用于场地内部空间的分割，避免铺装过于单调的同时，还对空间进行了明确的划定。厂区内的青石板路面与街区内民居的铺地及堤岸材质相同，斑驳的青石砖不但反映了街区历史的沧桑记忆，而且延续了历史街区内整体铺地形式；灰色和黑色花岗岩两种颜色的材质相互拼贴成现代几何图案，与旧工业建筑改造中运用的黑色钢材、玻璃相呼应，如图 7.25（a）、7.25（b）所示。

但基地内有部分面积较大的广场空间地面铺装却过于单调,如刀剪剑博物馆入口广场,地面铺装拼贴方式单一,缺乏色彩、图案的变化,如图7.25(c)所示。

(a)青石砖铺装

(b)灰色和黑色的花岗岩铺装

(c)缺乏变化的广场地面铺装

图7.25 地面铺装现状

9. 公共空间总体评价

通过对问卷调查结果综合计算,得出广场空间布局评价得分为4.1分,广场空间尺度评价得分为4.3分,滨水空间亲水性评价得分为2.7分,滨水景观视线评价得分为3.1分,夜景观评价得分为2.4分,绿化景观评价得分为4.0分,景观小品评价得分为2.7分,地面铺装评价得分为3.4分(表7.28)。可见,滨水空间亲水性、滨水景观视线、夜景观、景观小品都需要进一步优化。

表 7.28 公共空间总体评价

一级评价因子	二级评价因子	权重/%	评价得分	综合评价得分
公共空间	广场空间布局	0.185	4.1	3.44
	广场空间尺度	0.170	4.3	
	滨水空间亲水性	0.159	2.7	
	滨水景观视线	0.137	3.1	
	夜景观	0.095	2.4	
	绿化景观	0.103	4.0	
	景观小品	0.092	2.7	
	地面铺装	0.060	3.4	

对各项评价指标评价得分进行对应权重加权计算，得出使用者对公共空间的综合评价得分 3.44 分。对照表 7.23，可以看出公共空间处于 E_3（一般，$2.5 < X_j \leqslant 3.5$）水平。

7.3.4 配套设施评价

1. 休息座椅

在使用者对休息座椅配置这项评价中，仅 19% 的人认为休息座椅数量充足、布局合理（图 7.26），这表明使用者对桥西滨水工业遗产改造后的休息座椅设施配置整体满意度一般。

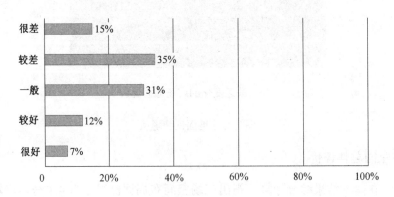

图 7.26 使用者对休息座椅的评价

在访谈中，有不少游客反映休息座椅设置过少，缺少休息区域。实地调研发现，区域内主要在中国伞博物馆的庭院中集中设置了一部分休息座椅，这些如会议桌一样的座椅设置方式，缺乏对个人使用的空间私密感的营造，导致利用率较低（图 7.27）。在其他区域休息座椅十分缺乏，特别是在广场、滨水空间等区域。虽然在滨水广场上结合树木设置了少量可供休息的树池，但是由于历史街区其他区域缺乏足够的空间来设置休闲座椅，当节假日游客数量剧增时，这些座椅完全满足不了游客的使用需求。这种情况下，在滨水广场北侧的商家趁机设置了一部分强制消费的休息座椅，许多游客对此感到很不满意（图 7.28）。

图 7.27　会议桌式的休息座椅

图 7.28　商业性质的休息座椅

2. 公共卫生间

在使用者对公共卫生间使用便利性这项评价中，35%的人认公共卫生间使用便利，38%的人认为公共卫生间使用比较便利，12%的人认为公共卫生间使用便利性一般，9%的人认为公共卫生间使用比较不便利，6%的人认为公共卫生间使用不便利（图 7.29）。

从以上数据统计分析可以看出，73%的人认为公共卫生间使用便利或比较便利，这表明使用者对桥西滨水工业遗产改造后的公共卫生间使用便利性的整体满意度较高。

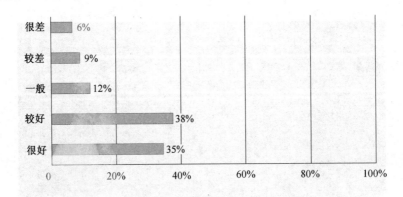

图 7.29　使用者对公共卫生间的评价

实地调研发现，由于桥西历史街区中仅在街区内比较偏的角落里设置了一个公共卫生间，并通过指示明确的标识系统使人们能方便地找到，但仅仅一个公共卫生间无法满足整个历史街区的游客使用需求，因此面向公众开放的博物馆群内设置的卫生间，就很好地弥补了现状公共卫生间不足的情况。

3. 娱乐餐饮设施

在使用者对娱乐餐饮等商业设施这项评价中，仅有 7%的人认为娱乐餐饮等商业设施完善或比较完善（图 7.30），这表明使用者对桥西滨水工业遗产改造后的娱乐餐饮等商业设施的整体满意度较低。

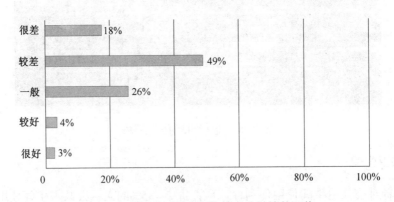

图 7.30　使用者对娱乐餐饮等商业设施的评价

有访谈者反映桥西滨水工业遗产改造成博物馆群后，缺乏类似 KFC 这类的快餐厅及咖啡吧等休闲餐饮设施。实地调研发现，在现状主要以博物馆单一功能为主及部分创意工作室的基地中，仅在红雷丝织厂南侧一楼设置了一些高端艺术品商店，而历史街区内沿桥西直街与桥弄街两侧的商业主要以中医药馆、创意商品为主，仅有的两家饭店且均为高端消费场所，难以满足普通大众的需求。因此，设置相应的餐饮配套商业设施就显得很有必要。

4. 标识系统

在使用者对标识系统这项评价中，有91%的人认为标识系统完善或比较完善，这表明桥西滨水工业遗产改造后的标识系统较为完善（图7.31），令使用者感到满意。

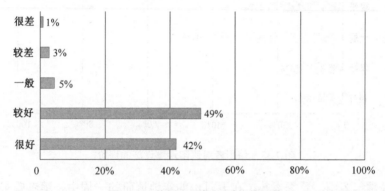

图 7.31　使用者对标识系统的评价

在实际访谈中有使用者说："在桥西历史街区内与其问人，不如直接找指示牌"。在整个历史街区内的各个区域都能看到醒目的方向指示牌。这些指示牌将改造后的博物馆群与桥西历史街区内的景点结合在一起标示，使游客能够很清晰地了解街区内各个参观点的位置。

在区域内的指示牌设计上，选取与街区建筑风貌较协调的黑色钢材质，指示内容根据所处位置不同侧重点也不同。在街区内，一般区域的指示内容主要为景点位置指示，而到具体建筑时则详尽给出了建筑的各层平面图导览图，且在每个旧工业建筑前均有指示牌介绍这些建筑的历史，以增强游客的工业遗产保护意识（图7.32）。

（a）遍布街区内的指示牌　　　　　　（b）旧工业建筑历史信息介绍

图 7.32　标识系统

5. 遮阳避雨设施

在使用者对遮阳避雨设施的评价中，认为遮阳避雨设施完善或比较完善人数占总人数的 21%（图 7.33），这表明使用者对桥西滨水工业遗产改造后的遮阳避雨设施整体满意度一般。

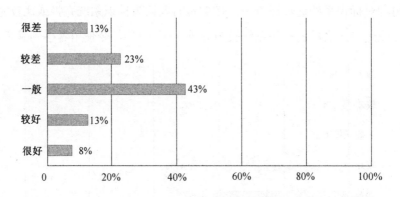

图 7.33　使用者对遮阳避雨设施的评价

杭州气候常年多雨，夏季炎热，在五月份的实地调研的一周中，笔者曾多次遇到下雨天却找不到遮阳避雨设施而被淋的情况。在走访调查中，许多游客反映，杭州夏季天气炎热、阳光太强，而室外却找不到可以遮阳设施，而阳光太强，人们多数快步通过，很少停留，导致夏季室外公共空间缺乏人气。

总体而言，区域内遮阳避雨设施比较缺乏，仅仅依靠土特产仓库改造中增设的并不连续的连廊作为临时遮阳避雨的设施，难以满足大量游客的使用需求（图 7.34）。

　（a）遮阳避雨的连廊　　　　　　　　　（b）缺乏遮阳避雨的休息座椅

图 7.34　遮阳避雨设施现状

6. 配套设施总体评价

通过对问卷调查结果综合计算，得出休息座椅评价得分为 2.6 分，公共卫生间的评价得分为 3.9 分，娱乐餐饮等商业设施评价得分为 2.4 分，标识系统评价得分为 4.3 分，遮阳避雨设施评价得分为 2.8 分（表 7.29）。由此可见，评分较低的休息座椅、娱乐餐饮设施以及遮阳避雨设施需要进一步完善。

表 7.29　配套设施总体评价

一级评价因子	二级评价因子	权重/%	评价得分	综合评价分
配套设施	休息座椅	0.250	2.6	3.05
	公共卫生间	0.162	3.9	
	娱乐餐饮设施	0.238	2.4	
	标识系统	0.149	4.3	
	遮阳避雨设施	0.201	2.8	

对各项评价指标评价得分进行对应权重加权计算，得出使用者对配套设施的综合评价得分 3.05 分，对照表 7.23，可以看出配套设施综合评价等级处于 E_3（一般，$2.5 < X_j \leqslant 3.5$）水平。

7.3.5　场所文化评价

1. 工业文化氛围

在使用者对工业文化氛围的评价中，认为工业文化氛围浓厚或者较浓厚的人数为 40%，不到总人数的一半（图 7.35），这表明使用者对桥西滨水工业遗产改造后的工业文化氛围整体满意度一般。

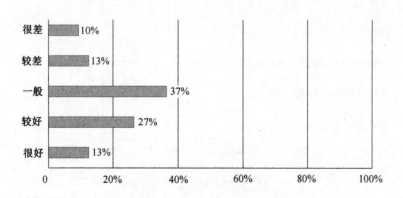

图 7.35　使用者对工业文化氛围的评价

实地调查发现，虽然桥西滨水工业遗产改造再利用借鉴了许多国外案例的做法，一些陈旧的机械设备和生产构件，以及具有工业特色的标语、消防箱被有意识地保留下来，以传承和展示场所记忆（图 7.36），但仅限于这些数量较少的保存和过于简单的处理手法，加上缺少常见的大型工业厂房标志（如高耸的烟囱、大型的冷却塔等），很难在区域内形成较强的工业文化氛围。

（a）保留的旧工业设备　　　　　　　　（b）保留的旧工业特色标语

图 7.36　工业文化氛围

2. 活动氛围

在使用者对活动氛围的评价中，认为活动氛围比较浓厚或很浓厚的人数占总人数的 34%（图 7.37），这一数据说明人们对于桥西滨水工业遗产改造后的活动氛围整体满意度一般。

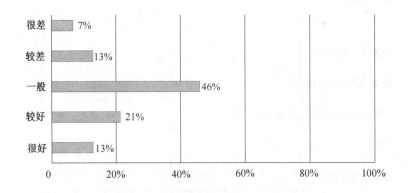

图 7.37　使用者对活动氛围的评价

实地调研发现，虽然区域内广场、庭院的开敞空间数量较多，但类似在滨水广场开展一些临时展览来吸引人们驻足停留的活动却很少（图 7.38），游客在户外空间活动参与性低。如游客集散中心旁的开敞空间，特有的高台形式本可以形成一个视觉焦点区域，但却由于未设置任何活动区域而导致缺乏人气（图 7.39）。

图 7.38 滨水广场临时展览活动

图 7.39 缺乏活动支持的室外小广场

3. 场所文化总体评价

通过对问卷调查结果综合计算，得出工业文化氛围评价得分为 2.8 分，活动氛围评价得分为 3.2 分（表 7.30）。由此可见，桥西滨水工业遗产再利用在工业文化氛围及活动氛围上仍需要进一步完善优化。

表 7.30　场所文化总体评价

一级评价指标	二级评价指标	权重/%	评价得分	综合评分
场所文化	工业文化氛围	0.149	2.8	2.96
	活动氛围	0.201	3.2	

对各项评价指标评价得分及权重加权计算，得出对场所文化的综合评分 2.96 分，对照表 7.23，可以看出场所文化处于 E_3（一般，$2.5 < X_j \leqslant 3.5$）水平。

7.4　成功经验与问题总结分析

7.4.1　整体评价

通过对以上一级指标的综合评分及权重进行计算，得出桥西滨水工业遗产改造使用后综合评价得分为 3.33 分，对照表 7.23，评价等级处于 E_3（一般，$2.5 < X_j \leqslant 3.5$）水平（表 7.31）。

表 7.31　桥西滨水工业遗产使用后综合评价

目标层	一级评价因子	权重/%	评价得分	综合评分
桥西滨水工业遗产使用后综合评价	道路交通	0.213	3.47	3.33
	建筑空间	0.198	3.76	
	公共空间	0.243	3.44	
	配套设施	0.161	3.05	
	场所文化	0.184	2.96	

结合评价结果可以看出，桥西滨水工业遗产改造更多地注重旧工业建筑单体的改造，而忽略外部空间营造对使用者满意度影响的重要性，导致综合评价得分不高。

对于 23 个二级评价指标的使用后评价的语义差别调查结果绘制成 SD 曲线（图 7.40）

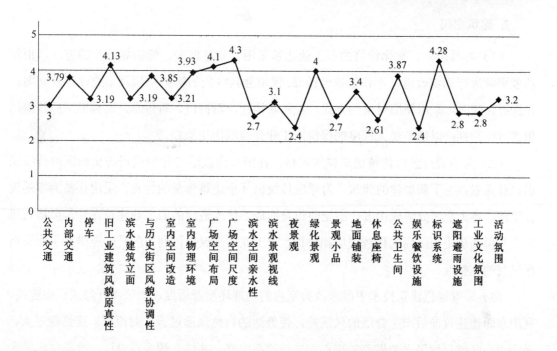

图 7.40　桥西滨水工业遗产使用后评价 SD 曲线图

可以看出，使用者对改造后的内部交通、旧工业建筑风貌原真性、与历史街区风貌协调度、广场空间布局、广场空间尺度以及绿化景观满意度较高，当然也存在少数人对这些方面使用情况的不满；对公共交通、停车、滨水建筑立面、室内空间改造、滨水空间亲水性、滨水景观视线、景观小品、地面铺装、休息座椅、遮阳避雨设施、工业文化氛围以及活动氛围满意度较低。

7.4.2　成功经验总结

基于使用后评价结果，结合在上文中对桥西滨水工业遗产再利用的各项评价指标得分较高原因的描述，在此对桥西滨水工业遗产在改造再利用过程中的一些成功经验进行简明扼要的总结。

1. 道路交通

（1）采用人车分行的方式，营造安全、舒适的内部步行环境，并通过步行道路将历史街区的旅游景点与工业遗产改造后的工艺美术博物馆群建筑串联起来，使工业遗产改造后功能与历史街区结合在一起。

（2）基于历史街区空间有限的现状，充分利用地下空间设置停车场，来解决历史街区停车空间不足的问题。

2. 建筑空间

（1）对具历史、文化价值的旧工业建筑采用"立足保护、修旧如旧"的方法，根据功能需求进行局部改造，不作颠覆性改动，保留独具特色的桁架结构及工业建筑外立面；在进行加建时，采用新旧对比的方式，置入新构件、新材料、新色彩，增强旧工业建筑风貌的可识别性，以便于最大程度的保留旧工业建筑的历史原貌。

（2）为协调街区内传统民居建筑风格，在旧厂房改造过程中运用历史街区内传统民居设计元素；对于新加建的建筑，为呼应传统街区小建筑体量的特点，采用化整为零的设计手法，将大空间分解成由多个小空间组合而成，使改造后的旧工业建筑在建筑风格与肌理上与桥西历史街区内的传统民居相协调，对工业遗产保护再利用的同时还维持了历史街区风貌的完整性。

（3）采取绿色建筑技术手段来改善室内的物理环境舒适度。如采用开敞式连廊连接，利用水面使建筑前后产生合适的风压差，使舒适的自然风通过。针对原有厂房进深过大、平面中心区域自然采光效果差的缺点，增设通高中庭，并结合侧天窗设计，改善自然采光效果，并起到一个通风天井的作用，改善室内通风。

3. 公共空间

（1）结合历史街区现状，通过拆除部分无价值的建筑并利用滨水侧空地，打造可供本地居民休闲锻炼以及外来游客旅游体验的广场空间，弥补了历史街区内开敞空间不足的问题。

（2）在空间布局上，注重广场空间的有序组织，利用街区内桥西直街与桥弄街这两条主要的步行街将广场空间串联起来，形成步行街道的开放节点空间，为游客带来较好的参观体验。

（3）广场空间与周边建筑的高宽比——D/H 控制在 1～3 的范围内，借助建筑、景观小品及绿化植被有效地界定广场空间，围合感强而不显得压抑，使人在其中感觉到空间设计的合理与舒适。

（4）保留区域内原有的高大古树，多种植物合理搭配种植。结合场地功能采用孤植、丛植、群植等植物种植手法来形成层次丰富多样的植物景观，既满足了观赏游憩需求，又起到分割空间的作用。

（5）采用和历史街区内传统民居相一致的地面铺装，与街区内传统风貌区形成延续；或者采用呼应旧工业建筑改造中运用的钢材、玻璃等具有现代感的材质进行铺装。

4. 配套设施

（1）标识系统融入历史街区旅游导览总体框架下，使游客很清晰地了解街区内的所有的参观景点。在指示牌的设计上，选取与街区风貌较协调的材质，指示内容根据指示牌位置不同侧重点地不同。

（2）公共卫生间设置在较偏的区域，通过指示明确的标识便于人们寻找，减少对街区景观环境的影响。同时，面向公众开放的博物馆群公共卫生间，弥补了桥西历史街区内公共卫生间数量不足的问题。

7.4.3　问题总结分析

根据使用后评价结果及笔者实地调研，初步总结分析出桥西滨水工业遗产改造再利用的不足之处。

1. 道路交通

（1）公共交通站点路线较少，与城南片区热门景点缺乏联系，大部分外来游客提出从城南区域需要多次换乘公交才能到达街区，交通花费时间较多。

（2）历史街区内步行路径不通畅，导致整个参观路线不连贯，形成"鱼骨状"的参观流线，参观时需要走回头路，给游客造成一定程度的不便。

（3）停车位设置不够，在节假日高峰时期，停车问题更加突出，导致部分区域停车混乱，许多车辆占据道路空间。未考虑非机动车停车区的规划设计与管理，导致非机动车停放混乱，许多自行车、电动车随意停放在广场上。

2. 建筑空间

（1）过于追求原有工业建筑外立面的完整性，缺乏对滨水建筑立面有效的改造设计。由于历史功能原因，这些建筑立面几乎全为大实墙体，处理方法过于简单，导致滨水建筑立面不能与水体呼应。

（2）内部空间改造方式较为单一，基本都是以水平划分的方式为主，竖向空间缺乏变化，未体现工业建筑室内空间改造多样性的特点。

3. 公共空间

（1）忽视对于滨水空间营造的重要性，导致该区域改造设计不够深入，缺乏特色。大部分的堤岸为直立式堤岸形式，单调且不美观，人们只能隔着栏杆看水而不能亲水，使得滨水空间丧失了趣味性。此外，滨水侧设置了过多的特色商品售卖亭，与堤岸下未经修剪的树均严重阻隔了滨水景观视线。

（2）未考虑到滨水工业遗产夜景观的重要性，整个桥西滨水工业遗产区几乎未进行夜景观设计，与灯光璀璨的历史街区内传统风貌区形成鲜明的对比，导致桥西历史街区滨水夜景观的不连续。

（3）景观小品整体布局上数量太少。广场、庭院等公共空间区域内景观小品十分缺乏，使这些公共空间缺乏趣味性。

4. 配套设施

（1）休息座椅设置过少，由于历史街区其他区域缺乏足够的空间来设置休闲座椅，当节假日游客高峰期时，这些座椅远远满足不了游客的使用需求。此外，现有的休息座椅设施未从使用者行为心理的角度来设置，导致休息座椅利用率低。

（2）现状主要以博物馆单一功能为主，几乎没有配备服务于游客的娱乐餐饮设施，整个街区内娱乐餐饮配套设施不完善。

（3）遮阴避雨设施不完善，未考虑杭州夏季炎热常年多雨的气候特点。

5. 场所文化

（1）保留的机械设备和生产构件，以及具有工业特色的标语等数量太少，处理手法过于简单，加上缺少常见的大型工业厂房标志（如高耸的烟囱、大型的水泥立窑等），因此区域内工业文化氛围相对较弱。

（2）开敞空间普遍缺乏活动支持，人们很少在此停留，缺乏活力。

7.5　本章小结

本章对桥西滨水工业遗产使用后评价结果进行了分析总结。首先对使用人群基本特征进行数据分析，包括使用者的性别、年龄、职业、受教育程度等，归纳总结桥西滨水工业遗产再利用使用者的特点。其次对道路交通、建筑空间、公共空间、配套设施、场所文化5个一级因子的各项二级因子进行逐项评价分析。最后根据评价分析总结出桥西滨水工业遗产改造再利用的成功经验以及存在的问题。

参 考 文 献

[1] 任京燕. 从工业废弃地到绿色公园——后工业景观设计思想与手法初探[D]. 北京: 北京林业大学, 2002.

[2] 贺旺. 后工业景观浅析[D]. 北京: 清华大学, 2005.

[3] 李宁. 东北城市后工业文化景观生态艺术设计策略[D]. 哈尔滨: 哈尔滨工业大学, 2009.

[4] 姜丽. 东北城市后工业文化景观场所精神重构[D]. 哈尔滨: 哈尔滨工业大学, 2009.

[5] 黄宏伟. 整合概念及其哲学意蕴[J]. 学术月刊, 1995 (9): 12-17.

[6] 齐康. 城市建筑[M]. 南京: 东南大学出版社, 2001.

[7] 卢济威. 论城市设计整合机制[J]. 建筑学报, 2004 (1): 27.

[8] 刘捷. 城市形态的整合[M]. 南京: 东南大学出版社, 2004.

[9] 舒尔茨. 存在·空间·建筑[M]. 北京: 中国建筑工业出版社, 1990.

[10] 贝塔朗菲. 一般系统论[M]. 北京: 社会科学文献出版社, 1987.

[11] 陆邵明. 是废墟, 还是景观?——城市码头工业区开发与设计研究[J]. 华中建筑, 1999 (2): 103.

[12] 程世丹, 李志刚. 城市滨水区更新中的城市设计策略[J]. 武汉大学学报（工学版）, 2004 (4): 121-123.

[13] 赵鹏军. 美国旧金山滨水区公共空间设计的成功与失败[J]. 建筑学报, 2005 (2): 29-31.

[14] 方华, 卜菁华. 荷伯特城市滨水区开发研究[J]. 华中建筑, 2005 (1): 109-111, 119.

[15] 运迎霞, 李晓峰. 城市滨水区开发功能定位研究[J]. 城市发展研究, 2006 (6): 113-118.

[16] 陈婷婷. 我国城市护城河历史地段的更新改造研究[D]. 武汉: 华中科技大学, 2005.

[17] 曹丽平. 城市滨水区产业旧建筑及地段的改造设计研究[D]. 南京: 南京艺术学院, 2005.

[18] 林巧蓉. 城市滨水区旧建筑再利用研究[D]. 厦门: 厦门大学, 2007.

[19] 李艳. 运用类型学方法研究城市中心滨水区的改造更新[D]. 天津：天津大学，2007.

[20] 李增军. 黄浦江滨江工业遗产保护的共生策略[J]. 华中建筑，2010 (6): 146-149.

[21] 范丽君. 基于整合思想的城市码头工业区空间更新研究[D]. 哈尔滨：哈尔滨工业大学，2010.

[22] 陆邵明. "物—场—事"：城市更新中码头遗产的保护再生框架研究[J]. 规划师，2010 (9): 109-114.

[23] 朱蓉. 城市滨水工业建筑遗产的再生——英国迪尔码头改造的可持续生态设计理念评析[J]. 工业建筑，2011 (2): 21-23.

[24] 王嵩,袁诺亚. 城市滨水工业遗产的再生——武汉杨泗港码头地块详细规划[J]. 中外建筑，2014 (10): 75-78.

[25] 王雅娜. 大连港工业遗产及其保护对策研究[D]. 大连：大连理工大学，2014.

[26] 朱晓青，翁建涛，邬轶群，等. 城市滨水工业遗产建筑群的景观空间解析与重构——以京杭运河杭州段为例[J]. 浙江大学学报（理学版），2015 (3): 371-377.

[27] 桑莉. 青岛港口系列遗产的保护与再生研究[D]. 青岛：青岛理工大学，2015.

[28] 张强. 杨浦滨江工业遗产保护与公共空间整治研究[D]. 北京：清华大学，2013.

[29] 张松. 上海黄浦江两岸再开发地区的工业遗产保护与再生[J]. 城市规划学刊，2015 (2): 102-109.

[30] 李丽萍. 滨江工业遗产景观设计中历史文脉要素的应用研究[D]. 上海：华东理工大学，2016.

[31] BAUDBOVY. New concepts in planning for tourism and recreation[J]. Tourism Management, 1982, 3(4): 308-313.

[32] HOSPERS. Industrial heritage tourism and regional restructuring in the European Union [J]. European Planning Studies, 2002, 10 (3): 397-404.

[33] YALE. From tourist attractions to heritage tourism [M]. Huntington: ELM publications, 1991.

[34] FEIFAN. Developing industrial heritage tourism: A case study of the proposed jeep museum in Toledo, Ohio [J]. Tourism Management, 2006, 27(6): 1321-1330.

[35] 刘会远，李蕾蕾. 浅析德国工业遗产保护和工业旅游开发的人文内涵[J]. 世界地理研究，2008 (1): 119-125.

[36] 韩福文，王芳. 城市意象理论与工业遗产旅游形象塑造——以沈阳市铁西区为例[J]. 城市问题，2012 (12): 17-22.

[37] 唐璐. 工业遗产旅游综合体开发（IH-TCD）模式探讨[D]. 重庆：重庆师范大学，2013.

[38] 章晶晶，卢山，麻欣瑶. 基于旅游开发的工业遗产评价体系与保护利用梯度研究[J]. 中国园林，2015 (8): 86-89.

[39] 陈艳. 基于 LOFT 创意园模式的工业遗产旅游研究[D]. 南昌：南昌大学，2010.

[40] 虞虎. 大都市传统工业区休闲旅游转型对城市功能演化的影响[J]. 经济地理，2016 (11): 214-223.

[41] 李淼焱，王明友，王莹莹. 区域一体化视角下工业遗产旅游开发——以辽宁省为例[J]. 特区经济，2013 (12): 109-110.

[42] 朱蓉，吴尧. 基于文化旅游视角的澳门益隆炮竹厂的改造保护段[J]. 工业建筑，2014 (2):37-39.

[43] 章晶晶，郑天. 工业遗产旅游综合体规划方法研究——杭州运河旅游综合体开发[J]. 工业建筑，2015 (5): 19-23.

[44] 吴必虎. 旅游规划原理[M]. 北京：中国旅游出版社，2010.

[45] 赵耀星. 区域旅游规划、开发与管理[M]. 北京：高等教育出版社，2004.

[46] 邹统钎. 区域旅游合作模式与机制研究 [M]. 天津：南开大学出版社，2010.

[47] ASENSIO. Environmental restoration[M]. Spain: Arco Editorial S.A, 1996.

[48] KIRKWOOD. Manufactured sites : rethinking the post-industrial landscape[M]. New York : Spon Press, 2001.

[49] WEILACHER. Between landscape architecture and land art[M]. Basel: Birkh user-Publishers for Architecture, 1999: 30.

[50] REGIONALVERBAND. Under the open sky: emscher landscape park[M]. Boston: Birkhauser Verlag, 2010.

[51] 劳瑞斯. 基于案例分析的后工业景观改造的规划设计理论[J]. 陈美兰，狄帆，译. 风景园林，2013 (1): 133-148.

[52] 朱薛景. 重生理念下的后工业景观设计思路——以韩国西首尔湖公园为例[J]. 中外建筑，2016 (7): 95-98.

[53] 谭立. 彼得·拉茨荣获 2016 杰弗里·杰里科爵士奖[J]. 风景园林，2016 (5): 10.

[54] 王向荣，林菁. 西方现代景观设计的理论与实践[M]. 北京：中国建筑工业出版社，2002.

[55] 丁一巨，罗华. 铁城景观述记——德国北戈尔帕地区露天煤矿废弃地景观重建[J]. 园林，2003 (10): 11, 42-43.

[56] 丁一巨，罗华. 后工业景观代表作——德国北杜伊斯堡景观公园解析[J]. 园林，2003 (7): 42-43, 64-65.

[57] 丁一巨，罗华. 绿色时代——新的绿色生态理念——德国后奥林匹克公园景观解析[J]. 园林，2003 (3): 14-15,21.

[58] 戴代新. 后工业景观设计语言——上海宝山节能环保园核心区景观设计评议[J]. 中国园林，2011 (8): 8-12.

[59] 吴丹子，刘京一，张霖霏. 后工业滨水码头区的景观重生策略探讨——以后工业国家的改造项目为例[J]. 中国园林，2014 (9): 27-32.

[60] 沈洁，李利. 从工业废弃地到绿色公园：卡尔·亚历山大矿山公园景观改造[J]. 风景园林，2014 (1): 136-141.

[61] 胡柳，林菁. 锡矿区生态景观修复策略的探究——以个旧市为例[J]. 中国园林，2016 (2): 52-57.

[62] 贺海芳，郑侃，黄惠贞，等. 城市工业遗产再利用后满意度综合评价研究——以南昌文化创意园为例[J]. 城市发展研究，2017 (2): 129-134.

[63] 芮光晔，李睿. 城市工业遗产改造使用后评价——以广州红砖厂创意产业园区为例[J]. 南方建筑，2015 (2): 118-123.

[64] 张宇，贾晓浒. 内蒙古工业大学建筑馆室内多义空间使用后评价研究[J]. 城市建筑，2015 (34): 113-116.

[65] 洪清婧.工业遗址景观设计使用后评价研究[D]. 长沙：湖南大学，2012.

[66] HANSEN. How accessibility shapes land-use[J]. Journal of the American Institute of Planners，1959，25(2):73-76.

[67] 雅各布斯. 美国大城市的死与生[M]. 天津：译林出版社, 2005.

[68] 顾朝林. 论中国城镇体系的产生[J]. 地域研究与开发，1990, 9 (6):1-7.

[69] 林奇. 城市意向[M]. 北京：华夏出版社，2011.

[70] 郑时龄，薛密. 黑川纪章[M]. 北京：中国建筑工业出版社，1997.